极品川湘菜

邱克洪　主编

黑龙江科学技术出版社
HEILONGJIANG SCIENCE AND TECHNOLOGY PRESS

图书在版编目（CIP）数据

极品川湘菜 / 邱克洪主编 . -- 哈尔滨 : 黑龙江科学技术出版社 , 2021.8
ISBN 978-7-5719-0865-2

Ⅰ . ①极… Ⅱ . ①邱… Ⅲ . ①川菜 – 菜谱②湘菜 – 菜谱 Ⅳ . ① TS972.182.71 ② TS972.182.64

中国版本图书馆 CIP 数据核字 (2021) 第 050337 号

极品川湘菜
JIPIN CHUAN-XIANGCAI

主　　编　邱克洪
策划编辑
封面设计　深圳·弘艺文化 HONGYI CULTURE
责任编辑　马远洋
出　　版　黑龙江科学技术出版社
地　　址　哈尔滨市南岗区公安街 70-2 号
邮　　编　150007
电　　话　（0451）53642106
传　　真　（0451）53642143
网　　址　www.lkcbs.cn
发　　行　全国新华书店
印　　刷　哈尔滨市石桥印务有限公司
开　　本　710 mm × 1000 mm　1/16
印　　张　13
字　　数　200 千字
版　　次　2021 年 8 月第 1 版
印　　次　2021 年 8 月第 1 次印刷
书　　号　ISBN 978-7-5719-0865-2
定　　价　39.80 元

CONTENTS

川式毛血旺 3
川国味胖鱼头 4
焖茭白 5
藕尖黄瓜拌花生..............................7
辣子鸡 9
凉拌菠菜 10
萝卜丁炒肉 11
柿子椒熘牛肉片.............................13
红烧狮子头 15
家常小炒肉 17
红烧鸡杂 18
蔬菜炒鸡丁 19
夫妻肺片 21
蔬菜炒牛肉 23
宫保鸡丁 25
家常红烧鱼 27
山药焖红烧肉 29
蒜泥白肉 30

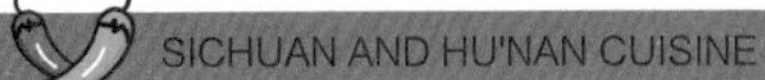

辣煮鸭肉块......31
糊辣鸡片......33
火爆鸭头......35
馋嘴蛙......37
萝卜巴骨肉......38
铁板辣鱼......39
老盐菜扣肉......41
葱香猪耳......43
干煸四季豆......45
面鱼儿烧鳝鱼......47
碎牛肉芹菜夹饼......49
火爆猪肝......51
青椒炒猪血......53
盐夫美蛙......55
盐菜回锅肉......57
烧椒鹅肠......59
笋子焖牛筋......61
藤椒鸡......63
香菜鲤鱼汤......65
鲜椒嫩兔丁......67
麦香鲍鱼仔......69
红烧带鱼......71

CHAPTER 02 美味川式素菜

宫保杏鲍菇 75
拌蚕豆 77
腊八豆烩山药 79
香辣土豆块 81
金沙豆花 83
虎皮青椒 84
深山小香菇 85
生焗口蘑 87
香炒秋葵 89
蜀南甜笋小木耳 91

CHAPTER 03 爽口湘式荤菜

毛氏红烧肉……95
剁椒深海鱼头……97
板栗焖鸡……98
豉湘牛肉……99
沸腾鱼片……101
腊肉黄鳝钵……103
干锅茶树菇……105
干豇豆回锅……107
特色鹅掌……108
高压米粉牛肉……109
干锅排骨……111
干锅肥肠……113
家常拌土鸡……114
葱香牛柳……115
湖南肉炒肉……117
尖椒腊猪嘴……119
干豇豆烧肉……121
石板笋干肉……122
葱香腰花……123
小炒黑山羊肉……125

凉面白肉......127
香辣酸笋排骨煲仔饭......129
醋香猪手......130
红油耳叶......131
湖南小炒肉......133
青豆鸽胗......135
米椒焖山兔......137
记忆青椒鸡......139
有机豆芽炒腊肉......140
青椒虎皮猪手......141
椒麻土鸡片......143
记忆山椒口口脆......145
腊味腰豆......147
巧手猪肝......149
青椒黄喉鸡......151
虎皮海椒炒荷包蛋......153
青椒皮蛋......155

CHAPTER 04

爽口湘式水产

干锅耗儿鱼......159
干锅虾......161
洞庭片片田螺......162
美味跳跳蛙......163
韭香小河虾......165
辣炒花甲......166
米椒鳕鱼肚......167
XO 酱爆辽参......168
农夫烤鱼......169
糊辣脆虾......171
干锅鱿鱼须......173
蒜蓉粉丝虾......175
椒盐基围虾......177

CHAPTER 05 爽口湘式素菜

清炒苦瓜......180
粗粮一家亲......181
回锅厚皮菜......183
风味茄丁......184
橄榄菜四季豆......185
记忆粉丝煲......187
炒什锦泡菜......188
干锅有机花菜......189
荷塘小炒......191
快乐憨豆......192
煲仔脆豇豆......193
花仁菠菜......194
巧酱萝卜皮......195
茄子焗豇豆......197
椒油炝拌莴笋......198

SICHUAN AND HU'NAN CUISINE

01

CHAPTER

美味川式荤菜

川式毛血旺

原料

鸭血......150克
鳝鱼、牛百叶......各60克
黄豆芽......50克
方火腿......80克
干红椒......20克
高汤......200毫升
大葱、蒜、花椒...各10克
姜......8克
香叶......3~4片
丁香......4粒
八角......1个
桂皮......1片
草果、香菜......各适量

调料

老抽......6毫升
米酒......15毫升
冰糖......10克
盐、鸡精......各5克
食用油......适量

做法

❶ 将鸭血洗净，切片；鳝鱼洗净，切段；火腿切方片。
❷ 将一半的干红椒切段，葱、姜、蒜都切小粒。
❸ 将香叶、丁香、八角、桂皮、草果入食品料理机中打碎。
❹ 锅中注入适量油烧热，小火炸香干红椒和适量花椒。
❺ 加入葱、姜、蒜粒炒香，加入打好的香料碎炒香，待用。
❻ 锅中注入适量清水烧开，加黄豆芽焯半分钟捞出，加鸭血汆半分钟捞出，加鳝段汆1分钟捞出。
❼ 将调味料放入锅中，加入高汤烧开，加入冰糖、老抽、盐，加入火腿片煮1分钟。
❽ 加入鸭血片煮2分钟。
❾ 加入米酒、鸡精、鳝鱼、牛百叶、黄豆芽煮片刻，盛出。
❿ 锅中注油烧热，小火炸香另一半的干红椒和花椒。
⓫ 倒在盛有毛血旺的碗中，撒上香菜即可。

川国味胖鱼头

原料

胖鱼头 .... 1个(约1000克)
碎剁椒、泡椒............ 各适量
蒜、姜、豆豉............各10克
葱花..............................少许

调料

盐 4克
白糖...............................2克
鸡精...............................3克
料酒............................3毫升
生抽、鲜味汁.......... 各4毫升
食用油 ....适量

做法

❶ 将鱼头洗净，从鱼唇正中一劈为二，均匀抹上适量盐，淋入料酒，腌10分钟。
❷ 将蒜、姜、豆豉剁碎。
❸ 锅中注入适量油烧热，倒入蒜、姜、豆豉、剁椒、泡椒爆香，盛出。
❹ 鱼头放入锅中用油煎香，倒入爆香的剁椒料，加入生抽、鲜味汁、白糖、鸡精、盐。
❺ 注入适量清水，熬制汤汁变浓，盛出撒上葱花即可。

焖茭白

原料

茭白……100克
蒜末……适量

调料

生抽……适量
盐……3克
鸡粉……3克
食用油……适量

做法

❶ 茭白切片。
❷ 热锅注油，倒入蒜末爆香。
❸ 倒入茭白炒匀。
❹ 加入盐、鸡粉、生抽炒匀入味。
❺ 注入适量的清水，加盖，中火煮5分钟。
❻ 揭盖，将食材盛入盘中即可。

藕尖黄瓜拌花生

原料

黄瓜......................80克
花生......................40克
藕尖....................300克
朝天椒....................2个

调料

生抽....................适量
盐..........................2克
鸡粉......................2克
食用油..................适量

做法

❶ 藕尖切小段。
❷ 朝天椒切圈。
❸ 黄瓜切丁。
❹ 锅内注入适量清水煮沸，倒入藕尖、花生煮至断生。
❺ 捞出煮好的食材盛入碗中待用。
❻ 取一碗，加入盐、鸡粉、生抽，拌匀做成酱汁。
❼ 往藕尖中倒入酱汁，放入黄瓜拌匀。
❽ 撒上朝天椒拌匀盛入盘中即可。

辣子鸡

原料

鸡肉	500克
干辣椒	200克
花椒	50克
芝麻	30克
生菜	20克
葱、姜	各少许

调料

调料	用量
料酒	20毫升
酱油	30毫升
味精	3克
盐	10克
冰糖	20克
食用油	适量

做法

❶ 将鸡肉洗净，切成小块；姜切片；葱切细丝；干辣椒切开。

❷ 鸡肉放到碗中，加酱油、料酒、味精、盐、少许姜片、少许花椒，拌匀，腌30分钟。

❸ 锅里倒入适量油，烧至五成热，改小火，将辣椒与籽分离，下辣椒过油30秒捞起。

❹ 改用大火将辣椒油烧热，下鸡块炸至金黄色，盛出放置一会儿后，再次下锅炸，出锅沥油，待用。

❺ 锅留底油，下姜片、葱丝爆香，然后下冰糖和炸好的鸡块翻炒，将辣椒籽和花椒下锅。

❻ 转中火不断翻炒，待锅中的油汁被吸收后下芝麻，翻炒出焦香味。

❼ 洗净的生菜铺在盘底，盛入食材即可。

凉拌菠菜

原料

菠菜............................150克
指天椒............................2根
大蒜..............................4瓣

调料

生抽.............................5毫升
香醋.............................3毫升
芝麻油...........................适量

做法

❶ 将菠菜连根洗净；指天椒洗净切成小段；大蒜洗净拍碎，待用。

❷ 锅中注水烧沸，下入菠菜烫熟，夹入盘中，摆放整齐。

❸ 在菠菜上放上指天椒、大蒜，倒入生抽、香醋和芝麻油即可。

萝卜丁炒肉

原料

萝卜干……………………100克
红椒…………………………30克
猪肉…………………………90克
蒜末…………………………适量

调料

盐……………………………3克
鸡粉…………………………3克
生抽…………………………5毫升
食用油………………………适量

做法

❶ 萝卜干切丁；红椒切碎。

❷ 猪肉切块。

❸ 热锅注油，倒入蒜末爆香。

❹ 倒入猪肉炒至转色，倒入胡萝卜干炒匀。

❺ 加入盐、鸡粉、生抽炒匀入味。

❻ 关火后，撒上葱花、红椒炒匀后盛入碗中即可。

柿子椒熘牛肉片

原料

牛肉……250克
洋葱……50克
彩椒……100克
圆椒……50克

调料

盐……适量
鸡粉……适量
黑胡椒粉……适量
料酒……适量
生抽……适量
水淀粉……适量
食用油……适量

做法

❶ 洗净的洋葱去皮，切成小块；洗净的彩椒、圆椒去籽，切成小块。
❷ 牛肉切成片，淋入料酒、生抽、食用油，腌制20分钟。
❸ 热锅注油，烧至七成热，下入牛肉，滑油片刻。
❹ 倒入洋葱、彩椒和圆椒，快速翻炒匀。
❺ 加入适量盐、鸡粉、黑胡椒粉，炒匀调味。
❻ 淋入适量水淀粉勾芡即可。

红烧狮子头

原料

肉末……300克
胡萝卜……60克
娃娃菜……50克
鸡蛋……1个
马蹄……100克
白萝卜……50克
姜末、葱花……各适量

调料

盐……3克
鸡粉……3克
蚝油……5克
生抽……5毫升
料酒……5毫升
生粉……适量
水淀粉……适量
食用油……适量

做法

❶ 洗好的马蹄肉切成碎末。胡萝卜、白萝卜切块。
❷ 取一个碗，倒入备好的肉末。
❸ 放入姜末、葱花、马蹄肉末。
❹ 打入鸡蛋，拌匀。
❺ 加入盐、鸡粉、料酒、生粉，拌匀，待用。
❻ 锅中注油烧至六成热，把拌匀的材料揉成肉丸，放入锅中。
❼ 用小火炸4分钟至其呈金黄色，捞出，装盘备用。
❽ 锅底留油，注入适量清水，加入盐、鸡粉、蚝油、生抽。
❾ 放入炸好的肉丸，倒入胡萝卜块、白萝卜块、娃娃菜略煮一会儿至其入味。
❿ 捞出食材，放入装有上述调料汁的碗中，待用。
⓫ 锅内倒入水淀粉，拌匀。
⓬ 关火后盛出汁液，倒入碗中即可。

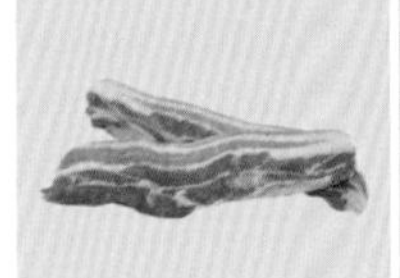

家常小炒肉

原料

五花肉……300克
香菇……80克
蒜末……适量

调料

盐……2克
鸡粉……2克
食用油……适量
生抽……适量
水淀粉……适量

做法

❶ 洗净的五花肉切条，再切成片。
❷ 香菇切块。
❸ 热锅注油，倒入蒜末爆香。
❹ 倒入肉片炒香。
❺ 倒入香菇，加入盐、鸡粉、生抽炒匀入味。
❻ 加入适量清水煮沸，用水淀粉勾芡。
❼ 关火后，将食材盛入碗中即可。

红烧鸡杂

原料

红椒……100克
青椒……100克
鸡杂……200克
蒜末……适量

调料

盐……3克
生抽……10毫升
鸡粉……3克
食用油……适量

做法

❶ 红椒切小块。
❷ 青椒切小块。
❸ 鸡杂切块。
❹ 热锅注油，倒入蒜末爆香。
❺ 倒入鸡杂炒匀，倒入红椒、青椒炒匀。
❻ 加入盐、鸡粉、生抽炒匀入味。
❼ 关火后，将食材盛入盘中即可。

蔬菜炒鸡丁

原料

鸡胸肉……200克
黄瓜……100克
胡萝卜……100克
油炸花生仁……60克
葱花……少许

调料

盐、鸡粉、生粉……各2克
生抽、料酒……各5毫升
食用油、水淀粉……各适量

做法

❶ 洗净的黄瓜切成丁；洗净的胡萝卜去皮，切成丁。
❷ 胡萝卜丁入沸水锅中焯熟，待用
❸ 鸡胸肉洗净，切成丁装入碗中，加入少许盐、料酒、生抽、生粉，拌匀，腌制15分钟。
❹ 热锅注油烧至七成热，倒入鸡肉丁，滑油片刻，倒入黄瓜丁，翻炒至熟软。
❺ 倒入胡萝卜丁、油炸花生仁，撒上葱花，加入适量盐、鸡粉、生抽，炒匀调味，淋入水淀粉勾芡即可。

夫妻肺片

原料

鲜牛肉……500克

牛杂……500克

老卤水……500毫升

油酥花生末……80克

芝麻面……100克

调料

酱油……150毫升

辣椒油……25毫升

花椒面……25克

八角……4克

味精、花椒、肉桂……各5克

盐……125克

白酒……50克

做法

❶ 将牛肉、牛杂洗净；牛肉切成大块，与牛杂一起放锅内，加入清水（以盖过牛肉为度），用旺火烧沸，并不断撇去浮沫，见肉呈白红色，倒去汤水。

❷ 锅内倒入老卤水，放入香料包（将花椒、肉桂、八角用布包扎好）、白酒和盐，再加清水400毫升左右，旺火烧沸约30分钟后，改用小火继续烧1.5小时，煮至牛肉、牛杂酥而不烂，捞出凉凉。

❸ 卤汁用旺火烧沸，约10分钟后，取碗一个，舀入卤水250毫升，加入味精、辣椒油、酱油、花椒面调成味汁。

❹ 将凉凉的牛肉、牛杂分别切成4厘米长、2厘米宽、0.2厘米厚的片，混合在一起，淋入卤汁拌匀，撒上油酥花生末和芝麻面即成。

蔬菜炒牛肉

原料

牛肉……200克
四季豆……50克
西蓝花……50克
彩椒……50克
胡萝卜……50克

调料

蒜末、葱段……各少许
盐……适量
鸡粉……适量
料酒……适量
生抽……适量
食用油……适量

做法

❶ 西蓝花掰小朵，洗净；四季豆洗净；彩椒切粗丝；去皮胡萝卜切细丝。
❷ 西蓝花、四季豆、胡萝卜分别焯至断生。
❸ 牛肉切成片，装入碗中，淋入适量料酒、生抽、食用油，拌匀腌渍20分钟。
❹ 锅中注油烧热，放入蒜末、葱段爆香，放入牛肉，炒匀，放入彩椒翻炒至熟软。
❺ 加入焯好的食材，快速翻炒均匀。
❻ 加入少许盐、鸡粉，炒匀即可。

宫保鸡丁

原料

鸡胸肉........................225克
黄瓜、熟花生米........各50克
干辣椒...........................8克
花椒...............................2克
葱段.............................45克
姜片.............................10克

调料

盐..................................3克
料酒...........................3毫升
白胡椒...........................1克
酱油...........................6毫升
白糖.............................10克
香醋...........................7毫升
水淀粉、食用油........各适量

做法

❶ 将鸡胸肉用刀背拍一下，切成小丁，加入适量料酒、食用油、白胡椒、盐、水淀粉腌10分钟。

❷ 将黄瓜洗净去皮，切丁；干辣椒洗净，切段。

❸ 在小碗中调入酱油、香醋、盐、白糖和料酒，混合均匀制成调味汁。

❹ 锅中注油烧热，放入花椒、干辣椒，用小火煸炒出香味，放入葱段、姜片。

❺ 放入鸡丁，放入料酒，将鸡丁滑炒变色，放入黄瓜丁，稍炒。

❻ 调入调味汁，放入熟花生米，翻炒均匀，用水淀粉勾芡即成。

家常红烧鱼

原料

鲫鱼……1条
生粉……适量
姜丝……适量
葱丝、葱花……各适量
蒜末……适量
朝天椒……适量

调料

料酒……10毫升
蚝油……适量
生抽……10毫升
鸡粉……3克
白糖……3克
盐……3克
食用油……适量

做法

❶ 鲫鱼洗净，打上花刀；朝天椒切圈。
❷ 加料酒、生抽、盐拌匀，撒上生粉裹匀，腌渍10分钟。
❸ 热锅注油，烧至六成热时，放入鲫鱼，炸约2分钟至金黄色，捞出鲫鱼备用。
❹ 锅留底油，倒入姜丝、葱丝、蒜末爆香。
❺ 加料酒、生抽、蚝油，倒入适量清水拌匀，加盐、鸡粉、白糖、鸡粉调味煮沸。
❻ 放入鲫鱼，烧煮约3分钟入味，盛出装盘，撒上朝天椒、葱花即可。

山药焖红烧肉

原料

五花肉……200克
山药……90克
红曲米……适量
葱花……适量
姜片……适量
蒜末……适量

调料

盐……3克
白糖……2克
鸡粉……3克
生抽……5毫升
老抽……4毫升
水淀粉……适量
食用油……适量
料酒……适量

做法

❶ 把去皮洗净的山药切开，切条形，再改切成小块。
❷ 洗净的五花肉切成块。
❸ 用油起锅，倒入肉块，翻炒几下，冒出油后放入姜片、蒜末，炒匀炒香。
❹ 转小火，放入白糖、老抽，炒匀上色。
❺ 淋入少许料酒，炒匀后注入适量清水，倒上洗净的红曲米，加盐、鸡粉，炒匀。
❻ 淋入少许老抽、生抽。
❼ 加入山药，翻炒匀。
❽ 盖上锅盖，煮沸后用小火焖煮约20分钟至入味。
❾ 取下盖子，转用大火，煮一小会儿至汁水收浓。
❿ 倒入水淀粉，炒匀勾芡，撒上葱花即可。

蒜泥白肉

原料

五花肉......................500克
蒜末............................30克
姜末............................20克

调料

盐.................................2克
生抽.........................30毫升
辣椒油......................50毫升
陈醋、料酒...........各10毫升

做法

❶ 把五花肉洗净，放入沸水锅中，加料酒，中火煮20分钟。

❷ 五花肉煮熟透捞出切薄片，码放入碗中。

❸ 将蒜末、姜末与盐、生抽、辣椒油、陈醋混合均匀，制成酱汁。

❹ 把酱汁浇在五花肉片上即可。

辣煮鸭肉块

原料

鸭肉……200克
豆芽……200克
鸭血……100克
芹菜叶……少许

调料

高汤……适量
盐、鸡粉……各3克
辣椒面……少许
料酒、生抽……各10毫升
食用油……适量

做法

❶ 鸭肉切大片；鸭血切厚片；芹菜叶切碎。
❷ 锅中注水烧开，放入少许盐、食用油，淋入料酒，下入鸭肉片，焯至转色，捞出；放入鸭血，焯熟，捞出，待用。
❸ 热锅注油，放入洗净的豆芽，倒入鸭肉、鸭血、高汤，煮沸。
❹ 放入盐、鸡粉、辣椒面，淋入生抽、料酒，搅拌匀。
❺ 将煮好的鸭肉盛入碗中，撒上芹菜叶即可。

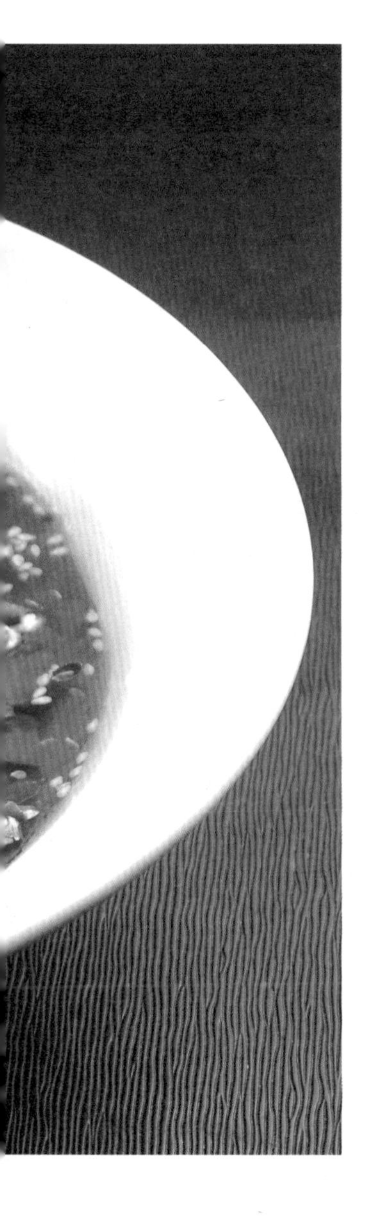

糊辣鸡片

原料

鸡脯肉……300克
干辣椒……40克
蛋清……2个
花椒、姜片、蒜片…各10克
葱段……15克
熟芝麻、葱花……各适量

调料

酱油、料酒……各15毫升
盐、味精……各2克
白糖……10克
香油、醋……各5毫升
水淀粉……20毫升
清汤、食用油……各适量

做法

❶ 干辣椒切长段。
❷ 鸡脯肉洗净，切大小均匀的片，装碗，加适量料酒、盐腌渍，调入蛋清，拌匀。
❸ 锅内加适量油，烧至六成热，将鸡肉片逐一放入，炸至皮呈黄色捞出。
❹ 锅底留余油，下干辣椒、花椒，炸鱼呈棕红色，加清汤，放入鸡肉片、姜片、葱段、蒜片、酱油、白糖、料酒，慢烧入味，使鸡肉酥嫩，然后下水淀粉，将汁收浓，加味精、醋、香油，装盘，浇上锅中汤汁，撒上熟芝麻、葱花即可。

火爆鸭头

原料

卤鸭头........................200克

干辣椒..........................30克

花椒..............................20克

调料

盐、鸡粉......................各3克

白糖................................2克

料酒..........................10毫升

辣椒粉..........................10克

生抽、食用油............各适量

做法

❶ 热锅注油，倒入花椒、干辣椒爆香。

❷ 倒入卤鸭头。

❸ 淋入料酒，炒香。

❹ 加入适量生抽，放入盐、鸡粉、白糖，炒匀调味。

❺ 倒入辣椒粉，快速拌炒均匀。

❻ 关火后将炒好的鸭头盛入盘中即可。

馋嘴蛙

原料

牛蛙……200克
干辣椒……20克
花椒……10克
剁椒……10克
生粉……适量
葱花……适量
姜片……适量
蒜末……适量
葱白……适量

调料

盐……3克
鸡粉……2克
蚝油……4毫升
生抽……5毫升
料酒……5毫升
水淀粉……适量
食用油……适量

做法

❶ 将牛蛙宰杀处理干净，斩成块。
❷ 牛蛙块盛入碗中，加少许盐、鸡粉、料酒，拌匀。
❸ 加少许生粉，拌匀，腌10分钟。
❹ 热锅注油，烧至五成热，倒入腌好的牛蛙，滑油至转色捞出。
❺ 锅留底油，倒入姜片、蒜末和葱白、干辣椒、花椒爆香。
❻ 倒入切好的剁椒。
❼ 加入斩好的牛蛙，淋入少许料酒，翻炒去腥。
❽ 加盐、鸡粉、蚝油、生抽炒匀，调味。
❾ 加少许水淀粉勾芡后将食材盛入碗中，撒上葱花即可。

萝卜巴骨肉

原料

猪肉……200克
胡萝卜……100克
青椒、红椒……各30克
蒜末……适量

调料

盐、鸡粉……各3克
生抽……5毫升
食用油、水淀粉……各适量

做法

❶ 青椒对半切开，红椒对半切开。
❷ 胡萝卜切块。
❸ 热锅注油，倒入蒜末爆香。
❹ 倒入猪肉炒至转色，倒入青、红椒炒匀。
❺ 加入盐、鸡粉、生抽炒匀入味。
❻ 注入适量清水，倒入胡萝卜，煮至断生。
❼ 用水淀粉勾芡，关火后将食材盛入碗中即可。

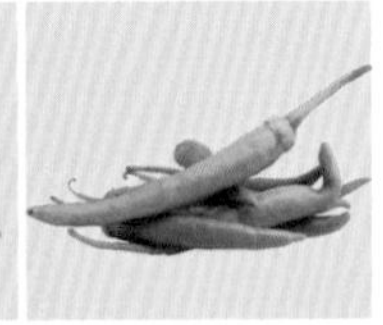

铁板辣鱼

原料

鲤鱼……1条
小米椒……10克
细长青辣椒……50克
泡椒……20克

调料

盐……2克
料酒……5毫升
生抽……5毫升
食用油……适量

做法

❶ 将鲤鱼处理干净后，倒入盐、料酒、生抽腌渍10分钟至入味。

❷ 小米椒、细长青辣椒、泡椒分别切小段，待用。

❸ 锅中注油烧热，放入鲤鱼，煎至两面金黄，移至铁板上，在鱼上撒上小米椒、青辣椒和泡椒，再加热片刻即可。

老盐菜扣肉

原料

五花肉……200克
梅干菜……80克
蒜末、葱末、姜末..各适量

调料

盐、鸡粉……各3克
白糖……2克
白酒、老抽……各5毫升
八角末、五香粉、食用油、
南腐乳……各适量

做法

❶ 锅中注水烧开，放入洗净的五花肉，加盖汆煮约1分钟。
❷ 将煮好的五花肉用筷子夹出。
❸ 用竹签在肉皮上扎孔，五花肉均匀地抹上老抽。
❹ 洗净的梅干菜切碎末。
❺ 锅中注油烧热，放入五花肉，炸约1分钟至肉皮呈深红色。
❻ 捞出五花肉，放入清水中浸泡片刻。
❼ 炒锅注油烧热，放入少许蒜末。
❽ 倒入梅干菜，略炒，加入适量盐、白糖，拌炒入味。
❾ 将炒好的梅干菜盛出装盘。
❿ 将五花肉切成片。
⓫ 用油起锅，放入蒜末、葱末、姜末，炒香。
⓬ 放入八角末、五香粉、南腐乳，煸炒香，再倒入五花肉，翻炒入味。
⓭ 加入少许白糖、鸡粉、老抽，加入白酒、清水，煮沸。
⓮ 将五花肉整齐码入小碗内，取部分梅干菜夹在肉片之间，剩余梅干菜铺在盘上。
⓯ 淋入锅中的汤汁。
⓰ 蒸锅注水烧开，放入食材，中火蒸约2小时。
⓱ 揭盖，将食材取出即可。

葱香猪耳

原料

猪耳丝……200克
红椒……90克
姜片……适量
蒜末……适量
葱段……适量

调料

盐……3克
鸡粉……3克
料酒……10毫升
老抽……5毫升
食用油……适量
生抽……适量

做法

❶ 用油起锅，倒入猪耳丝，炒松散。
❷ 淋入料酒，炒香，放入生抽，炒匀。
❸ 放入老抽，炒匀上色。
❹ 倒入红椒片、姜片、蒜末，炒匀。
❺ 注入少许清水，炒至变软。
❻ 撒上葱段，炒出香味。
❼ 加入盐、鸡粉，炒匀调味。
❽ 关火后盛出炒好的菜肴即可。

干煸四季豆

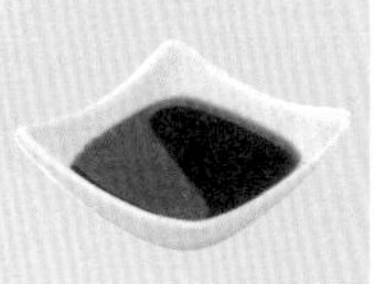
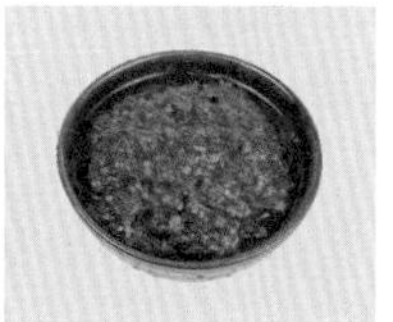

原料

肉末……150克
四季豆……300克
蒜末、葱白……各适量

调料

盐……3克
鸡粉……3克
生抽……5毫升
豆瓣酱……10克
食用油……适量
料酒……适量

做法

❶ 四季豆洗净切段。
❷ 热锅注油，烧至四成热，倒入四季豆。滑油片刻捞出。
❸ 锅底留油，倒入蒜末、葱白。
❹ 放入肉末炒香。
❺ 倒入滑油后的四季豆。
❻ 加盐、鸡粉、生抽、豆瓣酱、料酒。
❼ 翻炒至入味。关火后盛入盘中即可。

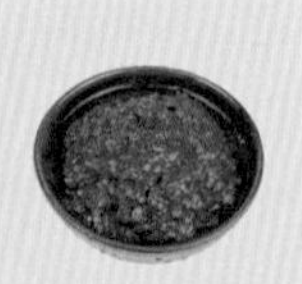

面鱼儿烧鳝鱼

原料

鳝鱼……………………150克
玉米面………………200克
干辣椒………………10克
姜片、蒜末、葱白、
生粉………………各适量

调料

盐、鸡粉……………各3克
豆瓣酱、辣椒酱……各5克
料酒…………………10毫升
生抽…………………5毫克
老抽…………………3毫克
食用油、水淀粉……各适量

做法

❶ 鳝鱼去除内脏。
❷ 将玉米面加水调成糊备用。
❸ 锅内注水煮沸。
❹ 备好一个漏瓢，将玉米面漏到盛有凉水的大盆内制成面鱼。
❺ 将面鱼捞出，放入沸水中煮至熟软。
❻ 将鳝鱼装入碗中，加入少许盐、料酒，再放入少许生粉，拌匀，腌渍10分钟。
❼ 锅中加入适量清水烧开，倒入鳝鱼，汆去血水，将鳝鱼捞出备用。
❽ 用油起锅，倒入姜片、蒜末、葱白、干辣椒爆香。
❾ 倒入鳝鱼，淋入少许料酒，炒香，加适量盐、鸡粉、豆瓣酱、辣椒酱，翻炒匀。
❿ 加入生抽、老抽，炒匀上色，倒入少许水淀粉。
⓫ 快速拌炒均匀，将鲫鱼盛入放有面鱼的碗中即可。

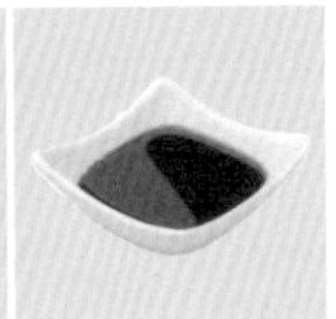

碎牛肉芹菜夹饼

原料

芹菜……………………60克
饼皮…………………200克
牛肉末………………100克
豆角……………………80克
蒜末……………………适量

调料

盐…………………………3克
鸡粉……………………3克
生抽……………………10毫升
食用油…………………适量

做法

❶ 芹菜切段，豆角切段。
❷ 热锅注油，倒入蒜末爆香。
❸ 倒入牛肉末炒香。
❹ 倒入芹菜、豆角炒至断生，加入盐、鸡粉、生抽炒匀入味。
❺ 将炒好的食材盛入碗中即可。
❻ 用备好的饼皮包裹上炒好的食材一起食用即可。

火爆猪肝

原料

猪肝……130克
红椒……40克
木耳……50克
莴笋……80克
蒜末……适量

调料

盐……4克
生抽……5毫升
料酒……5毫升
食用油……适量
水淀粉……适量
鸡粉……适量

做法

❶ 取一碗清水，放入洗过的猪肝，浸泡1小时至去除血水。
❷ 洗净的红椒切开，去籽，切粗条，切块。
❸ 莴笋茎切粗条，叶切块；木耳泡发。
❹ 取出泡好的猪肝，切薄片。
❺ 取一碗，倒入切好的猪肝，加入盐、生抽、料酒、少许水淀粉。
❻ 拌匀，腌渍15分钟至入味。
❼ 热锅注油，倒入蒜末、红椒，炒香，倒入猪肝，炒至熟软。
❽ 倒入莴笋、木耳炒匀。
❾ 加入盐、鸡粉、生抽炒匀入味。
❿ 关火后，将食材盛出即可。

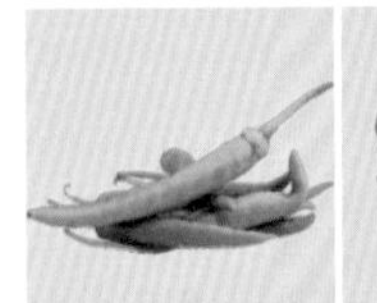

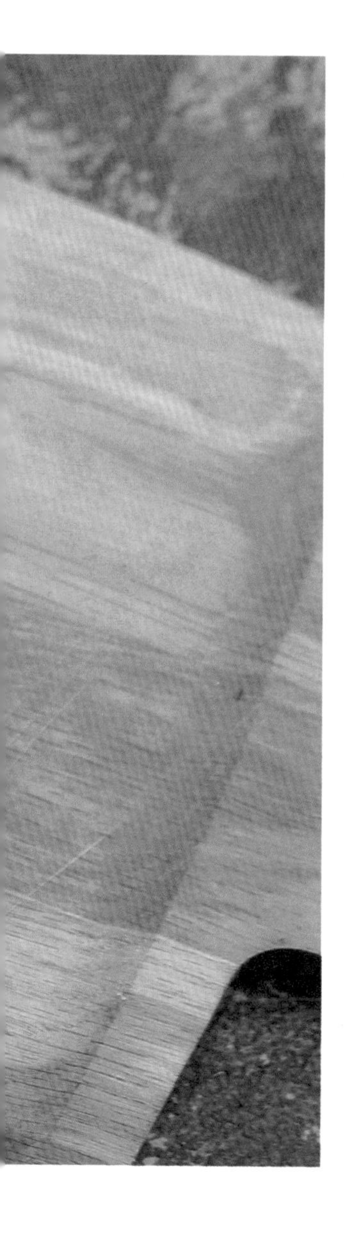

青椒炒猪血

原料

青椒……………………80克
猪血…………………300克
姜片……………………适量
蒜末……………………适量

调料

盐…………………………3克
鸡粉………………………3克
辣椒酱……………………5克
食用油…………………适量
水淀粉…………………适量

做法

❶ 青椒切块。
❷ 猪血切成小方块。
❸ 锅中加约600毫升清水烧开，加入少许盐。
❹ 将猪血放入烧开的热水中浸泡4分钟。
❺ 将浸泡好的猪血捞出装入另一个碗中，加入少许盐拌匀。
❻ 用油起锅，倒入姜片、蒜末炒香。
❼ 加少许清水，加辣椒酱、盐、鸡粉炒匀。
❽ 倒入猪血，煮约2分钟至熟。
❾ 倒入青椒，炒匀。
❿ 加入水淀粉勾芡后将食材盛入盘中即可。

盐夫美蛙

原料

牛蛙……200克
丝瓜……100克
朝天椒……3个
生粉……适量
姜丝……适量
姜片……适量
蒜末……适量
葱白……适量

调料

盐……3克
鸡粉……3克
蚝油……5毫升
生抽……5毫升
料酒……5毫升
水淀粉……适量
食用油……适量

做法

❶ 洗净的朝天椒切开，去籽，切成圈。
❷ 将宰杀处理干净的牛蛙切去蹼趾，再斩成块。
❸ 牛蛙块盛入碗中，加少许盐、鸡粉、料酒，拌匀。
❹ 加少许生粉，拌匀，腌渍10分钟。
❺ 热锅注油，烧至五成热，倒入腌好的牛蛙，滑油至转色捞出。
❻ 锅留底油，倒入姜片、蒜末、朝天椒和葱白爆香，加入斩好的牛蛙，淋入少许料酒，翻炒去腥。
❼ 倒入丝瓜，加盐、鸡粉、蚝油、生抽炒匀，调味，注入适量清水煮沸。
❽ 加少许水淀粉勾芡，翻炒匀至入味后将食材盛入盘中即可。

盐菜回锅肉

  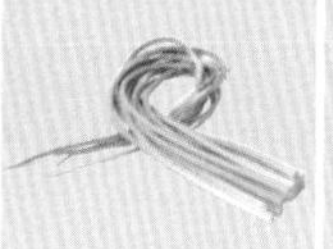   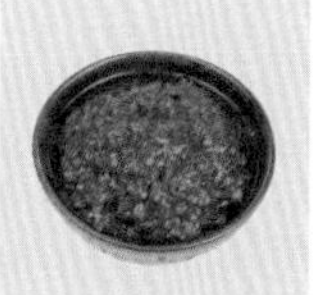

原料

带皮五花肉……………300克
梅干菜碎…………………80克
蒜苗………………………50克
红椒………………………70克
花椒………………………10克
姜片………………………适量
姜末………………………适量
葱段………………………适量
蒜末………………………适量

调料

料酒、红油…………各10毫升
盐、鸡粉、白糖…………各3克
生抽…………………………5毫升
豆瓣酱………………………5克
豆豉…………………………10克
食用油………………………适量

做法

❶ 洗净的蒜苗切成段，待用。
❷ 洗净的红椒对半切开，去籽，切成菱形块，待用。
❸ 热锅注水煮沸，放入少许姜片、葱段、花椒、料酒、盐、带皮五花肉，盖上锅盖汆15分钟至断生。
❹ 揭开锅盖，将汆好的五花肉捞出，切薄片。
❺ 切好的肉片淋少许生抽，用手抓匀，使肉更入味。
❻ 热锅注油烧至六成热，放入五花肉，炸4分钟至表面金黄捞出。
❼ 热锅注油烧热，倒入姜末、蒜末、豆瓣酱、豆豉、白糖，炒出香味，放入炸好的五花肉，翻炒均匀。
❽ 倒入梅干菜碎，再倒入少许料酒、生抽 、红椒、蒜苗、葱段、鸡粉、红油，爆炒出香味。
❾ 关火，将炒好的菜肴盛至备好的盘中即可。

烧椒鹅肠

原料

鹅肠……150克
红椒……30克
青椒……30克
姜片……适量
蒜末……适量

调料

盐……3克
鸡粉……3克
辣椒酱……10克
胡椒粉……5克
食用油……适量
料酒……5毫升
蚝油……5毫升

做法

❶ 鹅肠用盐水洗净，切段。
❷ 红椒切丝；青椒切丝。
❸ 锅中倒入适量清水烧开，倒入鹅肠，汆至断生捞出。
❹ 热锅注油，放入姜片、蒜末煸香。
❺ 倒入鹅肠略炒，加料酒翻炒熟。
❻ 加适量盐、鸡粉、辣椒酱调味。
❼ 倒入青、红椒片拌炒匀。
❽ 加蚝油提鲜，撒入胡椒粉拌匀。
❾ 关火后，将炒好的食材盛入盘中即可。

笋子焖牛筋

原料

牛筋……150克
笋……70克
花椒……10克
八角……3颗
姜片……适量
蒜末……适量
葱段……适量

调料

盐……3克
鸡粉……3克
豆瓣酱……5克
生抽……5毫升
料酒……5毫升
水淀粉……适量
食用油……适量

做法

❶ 牛筋切段；笋切块。

❷ 锅中注入适量清水烧开，加入少许盐，倒入牛筋，煮约1分钟。

❸ 捞出汆煮好的牛筋，沥干水，待用。

❹ 用油起锅，倒入花椒、八角、姜片、蒜末、葱段，爆香。

❺ 下入牛筋，淋入生抽，炒匀，放入豆瓣酱，炒匀。

❻ 淋入料酒，炒出香味。

❼ 倒入少许清水，倒入笋，炒匀，加入盐、鸡粉，炒匀调味。

❽ 转大火略煮一会儿，至食材入味，用水淀粉勾芡。

❾ 关火后，将食材盛入碗中即可。

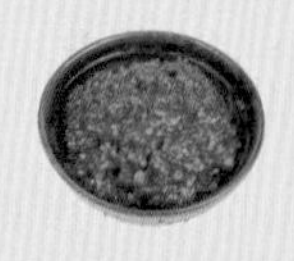

藤椒鸡

原料

鸡肉......300克
蒜末......适量
小米椒......适量

调料

生抽......5毫升
豆瓣酱......10克
花椒油......5毫升
料酒......5毫升
盐......3克
鸡粉......3克
生粉......5克
水淀粉......适量
食用油......适量

做法

❶ 洗净的小米椒切成圈，鸡肉切块。
❷ 把洗好的鸡肉块放入碗中，加入少许生抽、料酒、盐、鸡粉，拌匀。
❸ 往鸡肉里撒上生粉，拌匀，腌渍10分钟至其入味。
❹ 锅中注油，烧至五成热，倒入腌渍好的鸡块，拌匀，炸半分钟至其呈金黄色，捞出，沥干油，待用。
❺ 锅底留油，倒入蒜末、小米椒，爆香。
❻ 放入鸡块，炒匀，淋入适量料酒，炒匀提味。
❼ 加入豆瓣酱、生抽，炒匀。淋入花椒油。
❽ 加入盐、鸡粉调味。注入适量清水，炒匀。
❾ 盖上盖，煮开后用小火煮10分钟至食材熟软。
❿ 揭盖，倒入水淀粉勾芡，关火后盛出锅中的菜肴即可。

香菜鲤鱼汤

原料

鲤鱼……1条
香菜……50克
红椒……少许
蒜末……适量
姜末……适量

调料

盐……5克
鸡粉……5克
料酒……10毫升
食用油……适量

做法

❶ 鲤鱼去鳞、去鳃、去肠肚后，洗净擦干；洗净的香菜切碎；洗净的红椒切圈。
❷ 热锅注油烧至七成热，下入鲤鱼，煎至两面微黄。
❸ 加入800毫升水，淋入料酒，放入蒜末、姜末，盖好锅盖，小火煮30分钟。
❹ 揭开盖，放入红椒圈、香菜末，拌匀，再加入盐、鸡粉，拌匀煮沸即可。

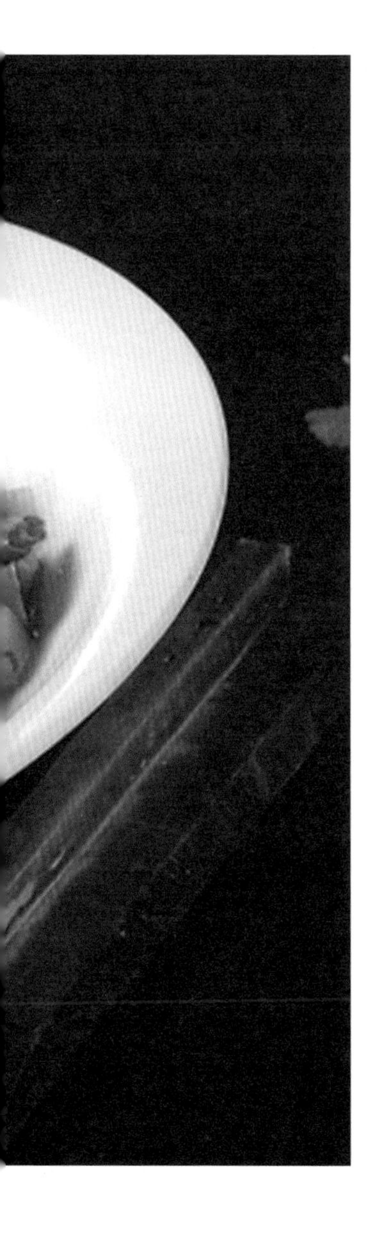

鲜椒嫩兔丁

原料

兔肉……200克
青椒……50克
莴笋……80克
八角……适量
葱段……适量
花椒……适量
姜片……适量
香菜梗……适量

调料

柱候酱……5克
花生酱……5克
鸡粉……3克
老抽……5毫升
生抽……5毫升
料酒……10毫升
食用油……适量

做法

❶ 莴笋切丁。
❷ 用油起锅，倒入洗净的兔肉块，炒至变色。
❸ 放入姜片、八角、葱段、花椒，炒出香味。
❹ 加入柱候酱、花生酱，炒匀。
❺ 淋入老抽、生抽，炒匀上色。
❻ 淋入料酒，炒香，注入适量清水。
❼ 盖上盖，烧开后用中小火焖约1小时至兔肉熟透。
❽ 揭盖，加入鸡粉，拌匀，用大火收汁。
❾ 拣出八角、姜片、葱段。
❿ 放入香菜梗、莴笋、青椒，拌匀，煮至变软。
⓫ 关火后盛出焖煮好的菜肴，装入盘中即可。

麦香鲍鱼仔

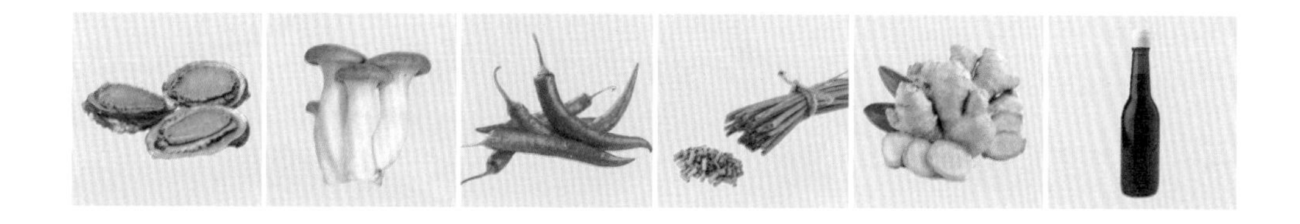

原料

鲍鱼……200克

蟹味菇……90克

杏鲍菇……79克

朝天椒……20克

葱结、姜片、蒜末……各适量

调料

盐、鸡粉、白糖……各3克

蚝油……5克

生抽、老抽……各5毫升

料酒……10毫升

水淀粉、食用油……各适量

做法

❶ 朝天椒切圈；鲍鱼切花刀；蟹味菇切段；杏鲍菇切丁。

❷ 热锅注油，倒入蒜末爆香。

❸ 倒入蟹味菇、杏鲍菇、朝天椒炒匀。

❹ 加入适量盐、鸡粉、生抽炒匀入味，将炒好的食材盛入碗中待用。

❺ 用油起锅，放入葱结、姜片，用大火爆香。

❻ 放入汆好的鲍鱼，炒匀，淋入料酒，翻炒香。

❼ 注入适量清水，加入蚝油，拌炒匀，淋上适量的生抽、老抽，拌匀上色。

❽ 加盐、鸡粉、白糖调味，炒匀。

❾ 盖上锅盖，煮沸后转用小火煮15分钟至入味。

❿ 揭盖，倒入少许水淀粉，炒匀勾芡汁，将鲍鱼盛入盘中，放上之前炒好的食材即可。

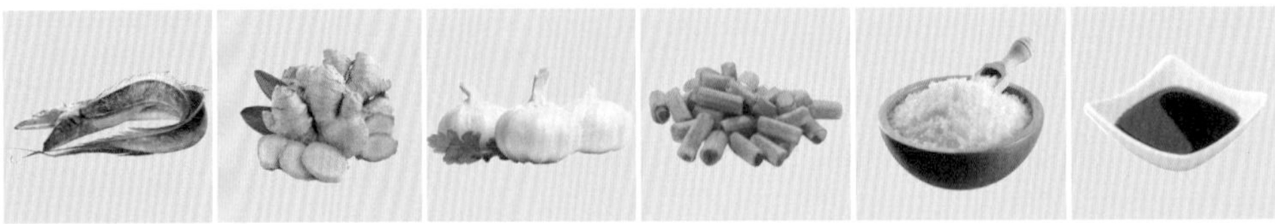

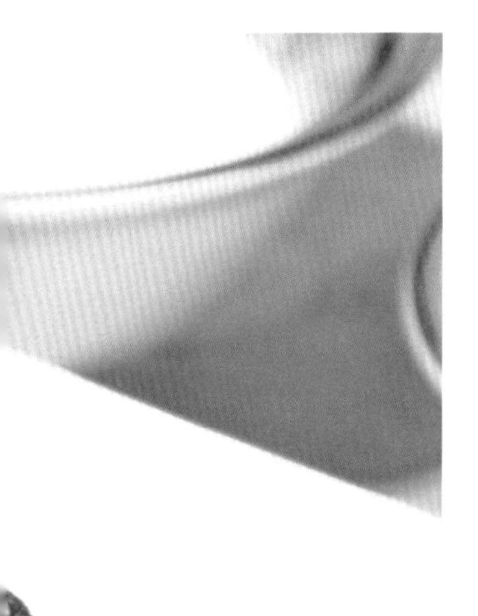

红烧带鱼

原料

带鱼……1条
姜片……适量
蒜片……适量
葱段……适量

调料

盐……3克
料酒……10毫升
生抽……5毫升
老抽……2毫升
白糖……3克
白芝麻……适量
水淀粉……适量
食用油……适量

做法

❶ 带鱼洗净，切成段，用纸巾把水吸干。
❷ 锅里注入油，烧热，倒入带鱼，煎一会儿，翻面，煎到两面金黄，盛出，待用。
❸ 另起油锅，放入葱、姜、蒜，爆香，放入带鱼，翻炒均匀，放入料酒、生抽、老抽，焖一下，再放入白糖和盐，翻炒几下，加入适量清水，与带鱼平齐，稍煮片刻，下入水淀粉，开大火浓缩汤汁，盛盘，撒上白芝麻即可。

SICHUAN AND HU'NAN CUISINE

02

CHAPTER

美味川式素菜

  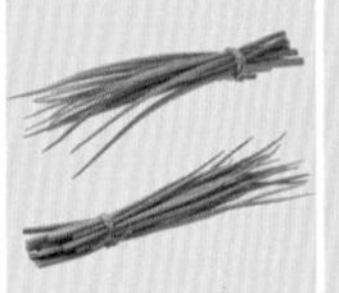   

宫保杏鲍菇

原料

杏鲍菇……150克
花生米……60克
葱……10克
姜……5克
干辣椒……5克
花椒……适量

调料

酱油……2毫升
白糖……2克
盐……3克
醋……适量
水淀粉……适量
绍酒……适量
食用油……适量

做法

❶ 葱洗净切小段；姜洗净切末；干辣椒洗净切段。
❷ 杏鲍菇洗净，切丁，入开水锅中焯水，捞出待用。
❸ 将酱油、绍酒、白糖、盐、水淀粉、醋拌匀，调好芡。
❹ 热锅温油，放入花椒煸香，放入葱段、姜末、干辣椒。
❺ 放入焯好的杏鲍菇丁，煸炒2分钟，倒入调好的芡，倒入炸好的花生米，收汁即可出锅。

拌蚕豆

原料

蚕豆……200克
蒜末……适量
葱花……适量
枸杞……适量

调料

盐……3克
生抽……适量
陈醋……适量
辣椒油……适量

做法

❶ 锅内注水，加入盐。
❷ 倒入洗净的蚕豆。
❸ 加盖，用大火煮开后转小火续煮30分钟至熟软，揭盖，捞出煮好的蚕豆装碗待用。
❹ 另起锅，倒入辣椒油。
❺ 放入蒜末，爆香。
❻ 加入生抽、陈醋，拌匀，制成酱汁。
❼ 关火后将酱汁倒入蚕豆和枸杞中。
❽ 搅拌均匀后，撒上葱花，盛入碗中即可。

腊八豆烩山药

原料

腊八豆……………………80克
山药……………………200克
豌豆……………………50克
红椒……………………10克
蒜末……………………适量

调料

盐……………………3克
鸡粉……………………3克
生抽……………………5毫升
食用油……………………适量

做法

❶ 山药切片。
❷ 热锅注油，倒入蒜末爆香。
❸ 倒入山药、豌豆炒至断生。
❹ 加入腊八豆、红椒炒香。
❺ 加入盐、鸡粉、生抽炒匀入味。
❻ 关火后将炒好的食材盛入碗中即可。

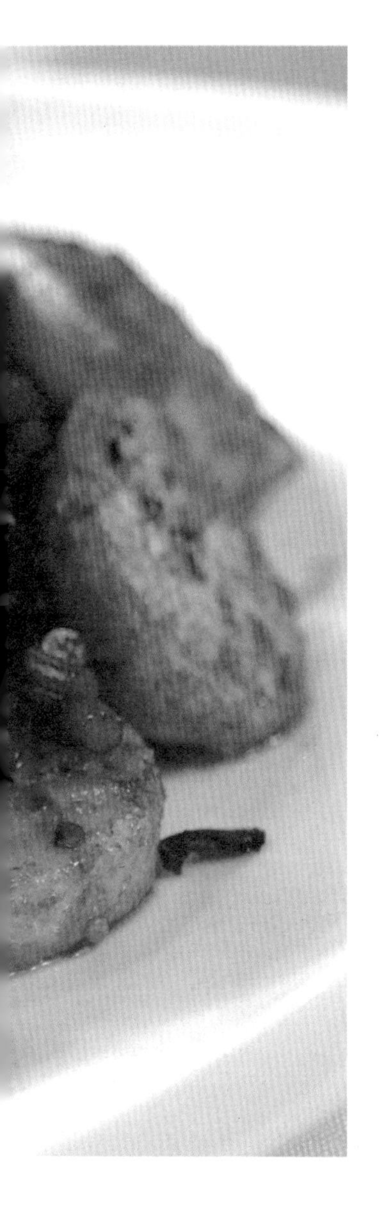

香辣土豆块

原料

去皮土豆..............200克
朝天椒......................3个
豆豉....................... 10克
蒜末........................适量
葱花........................适量

调料

盐.............................3克
鸡粉.........................3克
生抽......................5毫升
食用油....................适量
水淀粉....................适量

做法

❶ 土豆切片。
❷ 朝天椒切圈。
❸ 热锅注油，倒入蒜末、朝天椒、豆豉爆香。
❹ 倒入土豆炒匀。
❺ 加入盐、鸡粉、生抽炒匀入味。
❻ 加入适量清水煮沸，用水淀粉收汁。
❼ 关火后，撒上葱花炒匀。
❽ 将炒好的土豆盛入盘中即可。

金沙豆花

原料

熟鸭蛋……1个
豆腐……150克
豌豆……50克
萝卜……60克
葱花……适量
姜末……适量

调料

盐……3克
鸡粉……3克
生抽……5毫
白胡椒粉……5克
水淀粉……适量
食用油……适量

做法

❶ 豆腐切丁；萝卜切丁。
❷ 锅内注水，烧开后，倒入豌豆煮至断生后捞出。
❸ 熟鸭蛋取蛋黄压碎待用。
❹ 起油锅，中小火爆香葱花、姜末，倒入鸭蛋黄煸炒片刻。
❺ 加入生抽炒匀，加入适量的清水。
❻ 水煮沸后下入豆腐、豌豆、萝卜拌匀。
❼ 稍微煮两分钟转小火，撒点白胡椒粉、盐、鸡粉，再慢慢倒入水淀粉。
❽ 并用锅铲轻推豆腐，使汤汁变稠。
❾ 将煮好的汤盛入碗中。

虎皮青椒

原料

青椒……250克
大蒜……20克

调料

盐……2克
白糖……15克
生抽……5毫升
香醋……15毫升
食用油……适量

做法

❶ 将青椒洗干净，把蒂部切掉，用小刀挖掉籽；大蒜拍破后去皮，切成碎末。

❷ 将生抽、白糖、香醋、盐放入碗里，混合均匀成调料汁备用。

❸ 锅中倒入油，中火加热至四成热后，将青椒排放入锅中。

❹ 用锅铲轻轻按压青椒，并不时将青椒翻面，使之均匀受热。

❺ 青椒两面表皮都煸出皱纹，将青椒拨到锅头的一边，放入蒜末煸香。

❻ 倒入之前调好的调料汁，翻炒入味，待汤汁收浓稠时，摆入盘中即可。

深山小香菇

原料

水发小香菇……………100克
朝天椒……………………10克
青椒………………………30克
姜末、蒜末、葱末…..各适量

调料

盐……………………………3克
鸡粉…………………………3克
水淀粉……………………适量
食用油……………………适量

做法

❶ 朝天椒切圈。
❷ 青椒切圈。
❸ 热锅注油，倒入蒜末爆香。
❹ 用油起锅，倒入姜末、蒜末、葱末，用大火爆香。
❺ 放入切好的青椒、朝天椒，拌炒片刻。
❻ 放入切好的香菇，拌炒片刻。
❼ 加入少许清水。
❽ 放入盐、鸡粉，拌炒均匀，再倒入水淀粉勾芡。
❾ 关火后将食材盛入碗中即可。

生焗口蘑

原料

红椒……………………20克
青椒……………………20克
五花肉…………………80克
口蘑…………………150克
辣椒面…………………适量
姜片……………………适量
葱白……………………适量
蒜末……………………适量

调料

盐………………………3克
鸡粉……………………3克
料酒………………10毫升
蚝油…………………5毫升
老抽…………………3毫升
水淀粉…………………适量
食用油…………………适量

做法

❶ 把红椒切片；青椒切片。
❷ 将洗净的口蘑切片。
❸ 将洗净的五花肉切片。
❹ 锅中加清水烧开，加盐、食用油，倒入口蘑拌匀，煮沸后捞出。
❺ 热锅注油，倒入五花肉，炒1分钟至出油。
❻ 加老抽上色，倒入辣椒面、姜片、葱白、蒜末炒香。
❼ 放入红椒片，加料酒炒匀，倒入口蘑，加盐、鸡粉、蚝油调味。
❽ 加入水淀粉勾芡，淋入熟油拌匀。
❾ 盛出装盘即可。

香炒秋葵

原料

秋葵……………………200克
西红柿 …………………… 1个
蒜末…………………………适量

调料

盐 ……………………………3克
鸡粉…………………………3克
生抽……………………5毫升
食用油 …………………适量

做法

❶ 秋葵切段。
❷ 西红柿切块。
❸ 热锅注油，倒入蒜末爆香。
❹ 倒入秋葵炒匀，倒入西红柿块。
❺ 加入盐、鸡粉、生抽炒匀入味。
❻ 关火后将食材盛入碗中即可。

蜀南甜笋小木耳

原料

笋……………………100克
水发小木耳…………80克
辣椒粉………………适量
香菜…………………适量

调料

盐……………………3克
鸡粉…………………3克
生抽…………………5毫升
食用油………………适量

做法

❶ 笋切小块。

❷ 锅内注入适量清水煮沸，倒入笋、小木耳焯煮断生后捞出。

❸ 备好碗，倒入食材，加入盐、鸡粉、生抽拌匀，撒上适量的辣椒粉拌匀，放上香菜即可。

SICHUAN AND HU'NAN CUISINE

3 CHAPTER

爽口湘式荤菜

毛氏红烧肉

原料

五花肉……300克
蒜片……若干
八角……3个
桂皮……1片
草果……2个
姜片……适量

调料

白糖、盐……各4克
鸡粉……3克
料酒……8毫升
豆瓣酱……10克
老抽……5毫升
白酒……适量
食用油……适量

做法

❶ 锅中注水，放入洗净的五花肉，盖上盖，大火煮约5分钟去除血水。
❷ 揭盖，捞出五花肉。
❸ 将五花肉切成3厘米见方的方肉，修平整。
❹炒锅注油烧热，加入白糖，炒至溶化。
❺ 倒入八角、桂皮、草果、姜片爆香，再倒入蒜片，炒匀。
❻ 放入五花肉块，炒片刻。
❼淋入料酒，倒入豆瓣酱炒匀，加盐、鸡粉、老抽炒匀入味。
❽ 淋入白酒，盖上盖，小火焖40分钟至熟软。
❾ 揭盖，转大火，炒片刻后关火，盛盘即可。

剁椒深海鱼头

原料

鱼头……1具
剁椒……200克
生姜……1块
葱花……少许

调料

盐……2克
料酒……15毫升
食用油……适量

做法

❶ 生姜洗净切片；鱼头洗净，对半切开。
❷ 鱼头放入盆中，加盐、料酒、姜片，拌匀腌制10分钟。
❸ 挑去姜片，鱼头摆入盘中，铺上剁椒，放入烧开的蒸锅，加盖大火蒸15分钟。
❹ 取出，撒上葱花，浇上热油即可。

板栗焖鸡

原料

处理好的鸡……………………半只
板栗……………………………300克
红椒、青椒……………各50克
姜片……………………………20克

调料

盐………………………………3克
生抽…………………………20毫升
老抽……………………………5毫升
料酒…………………………20毫升
食用油……………………………适量

做法

❶ 鸡洗净斩成小块；红椒、青椒洗净，切小块；板栗洗净备用。

❷ 把鸡块倒入沸水锅中，加少许料酒煮沸，汆去血水捞出。

❸ 起油锅，放入姜片爆香，倒入鸡块炒匀，淋入料酒炒香。

❹ 倒入板栗、红椒、青椒，炒匀，放盐、生抽、老抽炒匀，加适量清水煮沸，转入砂锅煮沸，加盖转小火焖20分钟即可。

豉湘牛肉

原料

牛肉........................400克
豆豉酱......................30克
姜片.........................20克
葱丝.........................少许
桂皮、八角、草果、豆蔻、香叶、陈皮、干辣椒、花椒.....各适量

调料

盐...............................3克
生抽........................30毫升
老抽、蚝油...........各25毫升
料酒........................10毫升
食用油.......................适量

做法

❶ 牛肉洗净备用；把各种香料装入网袋里，扎紧袋口备用。
❷ 起油锅，放入姜片爆香，倒入适量清水，放入调料、香料拌匀。
❸ 放入牛肉，煮沸后，转小火，加盖煮约40分钟至熟透入味。
❹ 把卤好的牛肉取出切片，码放入盘中，铺上豆豉酱，放上葱丝即可。

沸腾鱼片

原料

黑鱼……1条
蛋清……适量
干辣椒……适量
花椒……适量
姜片……适量

调料

盐……3克
豆瓣酱……30克
生抽……30毫升
料酒……20毫升
生粉……30克
食用油……适量

做法

❶ 黑鱼宰杀处理干净，剔骨取下鱼肉，鱼骨斩成块，鱼肉切成片。

❷ 鱼骨加盐、姜片、料酒、生粉，拌匀腌制10分钟，鱼片加盐、蛋清、姜片、料酒、生粉，拌匀腌制10分钟。

❸ 起油锅，放入鱼骨，炒香，加适量开水，放入豆瓣酱、生抽，拌匀煮沸，把鱼骨捞出放入碗中。

❹ 汤煮沸，放入鱼片，轻轻搅散，煮沸。

❺ 盛出装入碗中，铺上干辣椒、花椒，淋上热油即可。

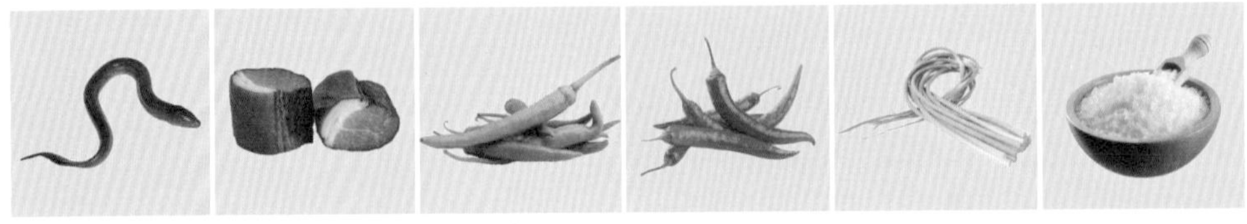

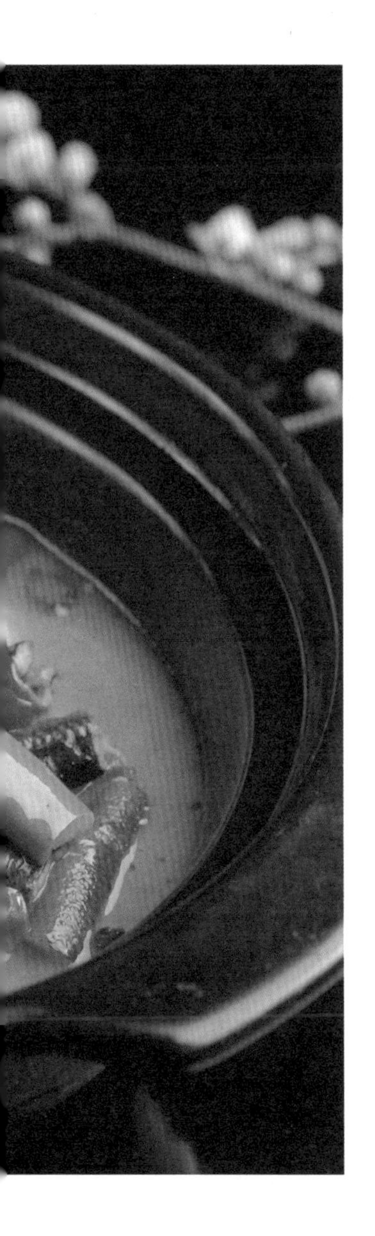

腊肉黄鳝钵

原料

黄鳝……200克
腊肉……100克
青椒……5克
红椒……5克
蒜苗……适量
姜……适量

调料

盐……3克
鸡粉……3克
蚝油……5克
红油……5毫升
食用油……适量
料酒……适量

做法

❶ 将鳝鱼从腹部剖开，扯出内脏，洗净血污，去掉头尾，再剁成3厘米长的段。
❷ 将腊肉上笼蒸熟，取出冷却后，切成片。
❸ 将腊肉放入锅内汆水，去除过多盐分，再倒出沥干水待用。
❹ 青红椒切段，姜切片，蒜苗切段。
❺ 净锅置旺火上，放入食用油，烧至六成热时，下入鳝鱼炸至五成熟，迅速捞出待用。
❻ 锅内留油，烧热后倒入腊肉煸香。
❼ 放入鳝鱼、姜片、青红椒段翻炒。
❽ 倒入料酒略炒，用旺火烧开后，加入盐、鸡粉、蚝油翻炒。
❾ 转用小火煨至鳝鱼熟透，放入红油。
❿ 出锅后装入钵内即可。

干锅茶树菇

原料

水发茶树菇……500克

芹菜……100克

青椒……1个

干辣椒段、白芝麻……各少许

调料

盐……3克

蚝油……10克

食用油……适量

做法

❶ 茶树菇洗净，撕成条；芹菜洗净，切段；青椒洗净，切块。

❷ 起油锅，放入干辣椒、茶树菇，炒至干。

❸ 放入芹菜、青椒，炒匀。

❹ 放盐、蚝油，炒匀调味。

❺ 盛出装入干锅，撒上白芝麻即可。

干豇豆回锅

原料

五花肉……500克
干豇豆……80克
蒜苗……100克

调料

盐……2克
生抽……10毫升
料酒……15毫升
辣椒油……20毫升
食用油……适量

做法

❶ 蒜苗洗净切段；干豇豆泡发挤干水分，切段。

❷ 五花肉放入凉水锅中，煮开，中小火煮25分钟至熟透捞出，再切成片。

❸ 起油锅，将五花肉放入锅中，炒出油，炒至两面焦黄，淋入料酒炒香。

❹ 加盐、生抽、辣椒油、干豇豆炒匀，加入蒜苗，加少许清水炒匀焖3分钟。

❺ 盛出装盘即可。

特色鹅掌

原料

鸭掌……500克
洋葱……1个
红椒……1个
白芝麻、葱花……各少许

调料

盐……2克
豆瓣酱……15克
蚝油……10克
料酒……10毫升
辣椒油……20毫升
食用油……适量

做法

❶ 红椒洗净，切小块；洋葱洗净，切小块。
❷ 锅中注水烧开，放入洗净的鸭掌，煮开加料酒，去除血水，捞出。
❸ 起油锅，放入豆瓣酱炒匀，放入鸭掌翻炒；加洋葱、蚝油、辣椒油、红椒炒匀。
❹ 加适量清水，加盐，拌匀，加盖转中火焖25分钟。
❺ 盛出装碗，撒上白芝麻、葱花即可。

高压米粉牛肉

原料

牛肉……200 克
蒸肉粉……50克
姜片……20克

调料

料酒……10毫升
生抽……10毫升
老抽……5毫升
辣椒酱……20克

做法

❶ 牛肉洗净，切片，加姜片、料酒、生抽、老抽、辣椒酱，拌匀。
❷ 加蒸肉粉，拌匀，腌制30分钟。
❸ 将腌制好的牛肉码放入碗中，放入高压锅内，焖制20分钟即可。

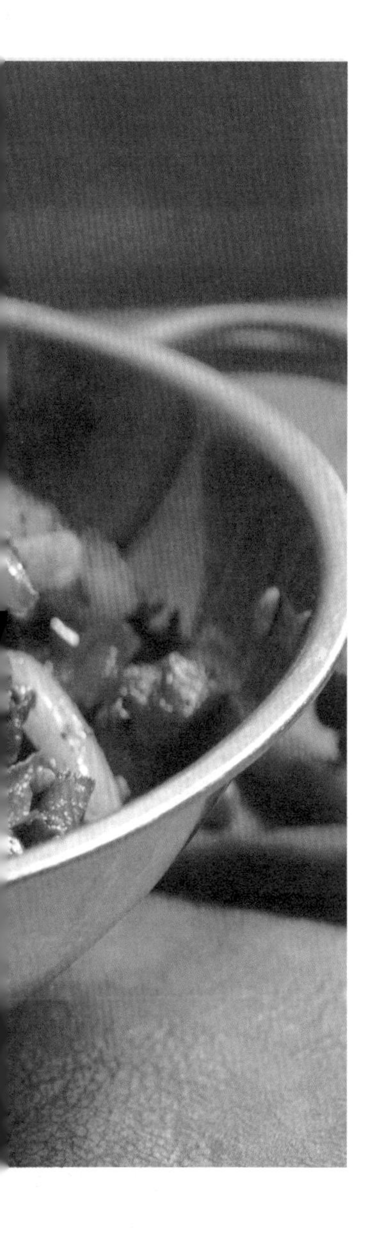

干锅排骨

原料

排骨……500克
土豆……100克
芹菜、洋葱……各50克
红椒、青椒……各40克
姜片……20克
干辣椒、花椒……各适量

调料

盐……3克
生抽、料酒……各15毫升
老抽……5毫升
辣椒油……20毫升
生粉……20克
食用油……适量

做法

❶ 土豆去皮洗净，切条；芹菜洗净切段；红椒、青椒洗净切块。洋葱洗净切块；排骨洗净切小块。
❷ 排骨加盐、料酒、生粉拌匀，腌制20分钟。
❸ 锅中加适量油，烧至五成热，放入排骨，拌匀，炸约3分钟捞出。
❹ 锅留底油，放入姜片、花椒、干辣椒、土豆、芹菜、红椒、青椒、洋葱，翻炒，炒至熟软。
❺ 加入排骨，淋入料酒炒香，放入生抽、老抽、辣椒油，炒匀，盛出装入干锅里即可。

干锅肥肠

原料

肥肠……500克
红椒……100克
芹菜……80克
姜片……20克
青椒……50克

调料

盐……3克
生抽……20毫升
料酒……20毫升
生粉……10克
食用油……适量

做法

❶ 红椒洗净切条，芹菜洗净切段，青椒洗净切段。
❷ 肥肠处理干净，切成块，加少许姜片、盐、料酒、生粉，拌匀腌制20分钟。
❸ 锅中加适量油，烧至五成热，放入腌制好的肥肠，拌匀炸约3分钟至干，捞出。
❹ 锅留底油，放入姜片炒香，加入肥肠、红椒、青椒、芹菜，淋入生抽，炒匀。
❺ 盛出装入干锅即可。

家常拌土鸡

原料

处理好的鸡……半只
大葱……1根
姜片……30克
葱段、芝麻……各适量

调料

盐……2克
辣椒酱……50克
料酒……10毫升

做法

❶ 大葱切小段；鸡肉斩小块。
❷ 把鸡块放入凉水锅里，加料酒、姜片煮开，转中小火煮15分钟至熟透捞出，冲洗干净，晾干水分。
❸ 将大葱段和鸡块装入碗里，加盐、辣椒酱拌匀。
❹ 装入盘中，撒上葱段、芝麻即可。

葱香牛柳

原料

牛肉……500克
洋葱……100克
葱花、姜片……各30克

调料

盐……3克
生抽、料酒……各20毫升
辣椒油……25毫升
生粉……20克
食用油……适量

做法

❶ 洋葱切块；牛肉切柳条状，加少许盐、料酒、生粉，拌匀腌制20分钟。
❷ 起油锅，放入洋葱，翻炒至熟软，加少许盐炒匀，盛出装入盘中。
❸ 另起油锅，放入姜片爆香，放入牛肉，翻炒至转色，淋入料酒炒香。
❹ 放入生抽、辣椒油炒匀，盛出装入盘中，撒上葱花即可。

     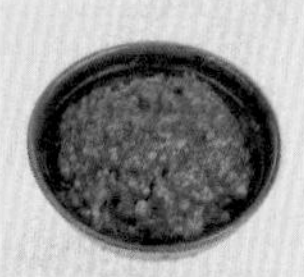

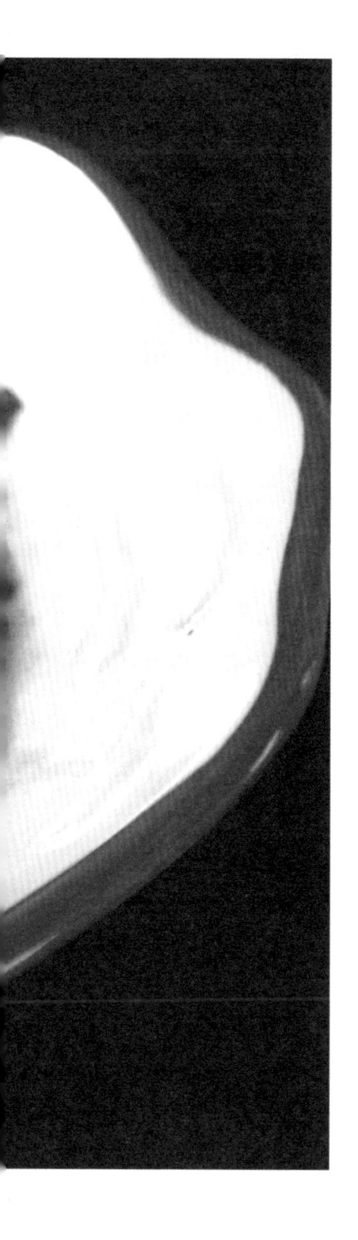

湖南肉炒肉

原料

五花肉……300克
香干……50克
豆豉……10克
红椒……20克
蒜苗……适量
姜片……适量
蒜末……适量

调料

盐……3克
鸡粉……3克
老抽……4毫升
豆瓣酱……5克
水淀粉……适量
食用油……适量
料酒……适量

做法

❶ 洗净的红椒切小块。
❷ 五花肉肉切块；香干切块。
❸ 热锅注油，倒入五花肉，炒约1分钟至出油。
❹ 加入老抽、料酒，炒香。
❺ 倒入豆豉、姜片、蒜末，炒约1分钟。
❻ 加入豆瓣酱，翻炒匀。
❼ 倒入香干、红椒、蒜苗，炒匀。
❽ 加入盐、鸡粉，炒匀调味。
❾ 注入适量水煮沸后，加入水淀粉收汁。
❿ 关火后，将炒好的食材盛入盘中即可。

尖椒腊猪嘴

原料

猪嘴............................100克
香干.............................50克
朝天椒...........................3个
蒜末、葱段...............各适量

调料

盐..................................3克
鸡粉...............................3克
食用油...........................适量

做法

❶ 朝天椒切段。
❷ 香干切片。
❸ 猪嘴切小块。
❹ 热锅注油，倒入蒜末、葱段爆香。
❺ 倒入猪嘴炒香。
❻ 倒入朝天椒、香干，加入盐、鸡粉炒匀入味。
❼ 关火，将炒好的食材盛入盘中即可。

干豇豆烧肉

原料

五花肉……500克
干豇豆……80克
青椒……适量
红椒……适量
生姜……适量
八角……适量
桂皮……适量

调料

盐……3克
豆瓣酱……20克
南乳……10克
白糖……15克
料酒、生抽……各5毫升
老抽……3毫升
食用油……适量

做法

❶ 干豇豆泡发洗净，切小段；青椒、红椒洗净，切段、切丝；生姜洗净切小片；八角、桂皮洗净；五花肉洗净切方块。

❷ 锅中放水烧开，放入五花肉，煮开去血水，捞出滤干水分。

❸ 热锅注油，放入白糖，改用小火，不停地翻炒，炒至白糖溶化，呈微黄色；倒入五花肉，翻炒均匀，淋入料酒，翻炒。

❹ 加入清水，盖过五花肉；放干豇豆、盐、豆瓣酱、南乳、生抽、老抽、生姜、八角、桂皮，拌匀；大火烧开，加盖小火焖40分钟。

❺ 揭盖，放入青、红椒，炒匀；大火收汁，盛出装碗即可。

石板笋干肉

原料

腊肉............................100克
竹笋............................200克
朝天椒............................3个
姜片..............................20克
蒜苗..............................少许

调料

盐..................................2克
鸡粉...............................3克
料酒..........................20毫升
黄豆酱...........................20克
食用油............................适量

做法

❶ 竹笋切片；蒜苗洗净，切段；朝天椒切圈；腊肉洗净，切片。

❷ 起油锅，放入姜片爆香，倒入腊肉，炒出油，淋入料酒炒香。

❸ 倒入竹笋，炒匀，放入黄豆酱，炒匀，倒入朝天椒、蒜苗，炒匀。

❹ 放盐、鸡粉，炒匀调味，盛出装盘即可。

葱香腰花

原料

猪腰……………………………2具
洋葱…………………………100克
葱花、姜片……………各30克

调料

盐………………………………3克
生抽、料酒……………20毫升
辣椒油…………………25毫升
生粉……………………………20克
食用油………………………适量

做法

❶ 洋葱切块；猪腰切花刀，加少许盐、料酒、生粉，拌匀腌制20分钟。

❷ 起油锅，放入洋葱，翻炒至熟软，加少许盐炒匀，盛出装入盘中。

❸ 另起油锅，放入姜片爆香，放入腰花，翻炒至转色，淋入料酒炒香。

❹ 放入生抽、辣椒油炒匀，盛出装入盘中，撒上葱花即可。

小炒黑山羊肉

原料

黑山羊肉..............200克
芹菜........................40克
红椒........................20克
大蒜........................适量
大葱段....................适量
姜片........................适量

调料

孜然粉.....................3克
鸡粉.........................3克
盐.............................3克
料酒.......................5毫升
生抽.......................5毫升
食用油、水淀粉..各适量

做法

❶ 洗净的羊肉切大块，切条，改切成小块。
❷ 沸水锅中倒入羊肉，汆煮至羊肉转色。
❸ 捞出羊肉，放入盘中，待用。
❹ 热锅注油烧热，倒入大蒜、姜片、大葱段，爆香。
❺ 倒入羊肉、芹菜、红椒，炒匀。
❻ 加入料酒、生抽，注入350毫升的清水。
❼ 撒上孜然粉、盐，拌匀。
❽ 加盖，大火煮开后转小火煮1小时。
❾ 揭盖，撒上鸡粉，淋上水淀粉。
❿ 关火后，将食材盛入盘中即可。

凉面白肉

原料

五花肉........................500克

苦菊..............................50克

姜片..............................20克

白芝麻..........................少许

调料

盐..................................2克

生抽...................... 100毫升

辣椒油......................50毫升

陈醋.........................20毫升

白糖...............................5克

料酒.........................10毫升

做法

❶ 五花肉洗净，放入沸水锅中，加料酒、姜片，中火煮20分钟，煮熟透捞出切薄片。

❷ 把剩余的调料和白芝麻混合均匀，分装在小碗里。

❸ 五花肉片分别卷上苦菊，浸入小碗里即可。

香辣酸笋排骨煲仔饭

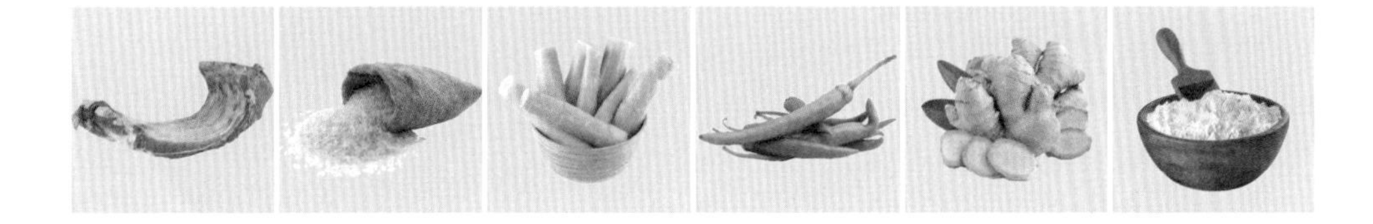

原料

猪小排……250克
大米……适量
酸笋……80克
青椒……50克
姜片……20克

调料

豆瓣酱……20克
料酒……10毫升
老抽……3毫升
生粉……20克
食用油……适量

做法

❶ 青椒洗净，切块；排骨洗净，斩块。
❷ 除大米外，其余食材，加调料混合均匀，腌渍30分钟。
❸ 大米提前浸泡1小时，砂锅抹上一层油，放入大米，加适量清水，大火烧开转小火，搅拌，以免粘锅烧煳。
❹ 待米粒把水吸收后，从锅边上淋入少许食用油，把排骨倒入米饭上。
❺ 盖盖，小火焖20分钟，即可。

醋香猪手

原料

猪手……1只
朝天椒……5个
姜片……20克
姜末、葱花……各少许

调料

盐……3克
生抽……20毫升
陈醋……5毫升

做法

❶ 猪手洗净，切块；放入电压力锅中，加适量清水，放入姜片，加盐，加盖焖40分钟。
❷ 把焖好的猪手取出，凉凉，码放入碗中；朝天椒切圈；将姜末与生抽、陈醋混合均匀，制成凉拌汁。
❸ 将凉拌汁浇在猪手上，放上朝天椒，再撒上葱花即可。

红油耳叶

原料

猪耳朵............1具
白芝麻............20克
葱花............少许

调料

盐............3克
生抽............50毫升
辣椒油............50毫升
陈醋............20毫升

做法

❶ 猪耳朵洗净，放入凉水锅中，煮沸，中火煮30分钟至熟透。
❷ 把煮好的猪耳朵切成薄片，码放入碗中。
❸ 将调料混合均匀，浇在猪耳片上，撒上葱花、白芝麻即可。

湖南小炒肉

原料

五花肉……300克
青椒……100克
姜片、蒜末……各适量

调料

盐、鸡粉……3克
老抽……4毫升
料酒……3毫克
豆瓣酱……5克
水淀粉、食用油……各适量

做法

❶ 五花肉切块。
❷ 青椒斜切块。
❸ 热锅注油，倒入五花肉，炒约1分钟至出油。
❹ 加入老抽、料酒，炒香。
❺ 倒入姜片、蒜末，炒约1分钟。
❻ 加入豆瓣酱，翻炒匀。
❼ 倒入青椒炒匀。
❽ 加入盐、鸡粉，炒匀调味。
❾ 注入适量水煮沸后，加入水淀粉收汁。
❿ 关火后，将炒好的食材盛入盘中即可。

青豆鸽胗

原料

鸽胗……………………100克

青豆……………………200克

朝天椒…………………5个

姜片……………………10克

调料

盐………………………4克

料酒……………………20毫升

水淀粉…………………30毫升

食用油…………………适量

做法

❶ 青豆洗净，朝天椒切圈。

❷ 把青豆放入沸水锅中，加盐，煮约5分钟，捞出沥干水分，再放入鸽胗，加料酒，煮约10分钟，捞出切片。

❸ 起油锅，放入姜片爆香，倒入鸽胗，炒匀，淋入料酒炒香。

❹ 倒入青豆，翻炒均匀，放入朝天椒，炒匀。

❺ 加水淀粉，炒匀勾芡，盛出即可。

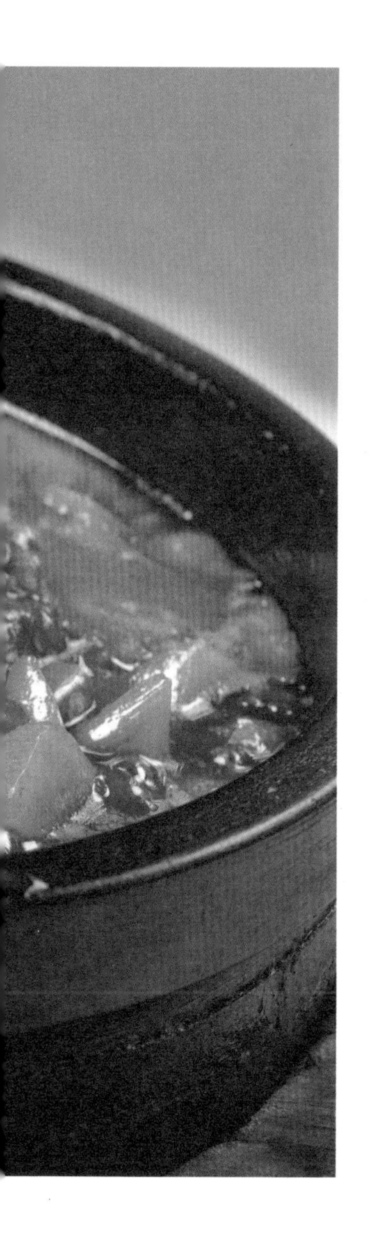

米椒焖山兔

原料

兔肉……500克
莴笋……200克
湖南椒……100克
朝天椒、姜片……各30克
香菜……适量

调料

盐……3克
豆瓣酱……30克
生抽、料酒……各20毫升
生粉……20克
食用油……适量

做法

❶ 莴笋洗净去皮，切块；湖南椒洗净切段；朝天椒洗净切圈；兔肉切丁。
❷ 兔肉用盐、料酒、生粉拌匀，腌制20分钟。
❸ 起油锅，放入姜片爆香，放入兔肉，翻炒至转色，加入豆瓣酱，炒匀。
❹ 淋入料酒、生抽炒香，放入莴笋、湖南椒、朝天椒，炒匀。
❺ 加入适量清水，煮沸，加盖小火焖10分钟，盛出放上香菜即可。

记忆青椒鸡

原料

青椒……………………50克
鸡肉……………………300克
姜片……………………适量
蒜末……………………适量

调料

盐……………………2克
鸡粉……………………2克
生抽……………………5毫升
老抽……………………2毫升
食用油……………………适量

做法

❶ 洗净的青椒切成小段。
❷ 鸡肉切成小块。
❸ 热锅注油，倒入姜片、蒜末爆香，倒入鸡肉块翻炒。
❹ 加入盐后不停翻炒至熟。
❺ 加入生抽、老抽，翻炒。
❻ 倒入青椒，加入鸡粉继续翻炒。
❼ 关火，将炒好的菜肴盛入盘中即可。

有机豆芽炒腊肉

原料

腊肉……………………300克
豆芽……………………200克
朝天椒…………………2个
姜片、葱段……………各适量

调料

盐………………………2克
料酒……………………10毫升
食用油…………………适量

做法

❶ 豆芽洗净备用；朝天椒洗净切圈；腊肉洗净，切片。

❷ 起油锅，放入姜片炒香，放入腊肉翻炒出油，淋入料酒炒香。

❸ 放入豆芽、朝天椒、葱段，炒匀，炒至熟软，放盐调味。

❹ 盛出装盘即可。

青椒虎皮猪手

原料

猪手……………………………1只
青椒…………………………100克
朝天椒…………………………1个
姜片…………………………20克

调料

生抽………………………30毫升
老抽…………………………5毫升
料酒………………………20毫升
食用油………………………适量

做法

❶ 青椒洗净切小段；朝天椒洗净，切圈；猪手洗净，斩块。
❷ 锅中注入食用油，烧至五成热，放入猪手，炸约2分钟，捞出。
❸ 锅留底油，放入姜片爆香，放入猪手，淋入料酒炒香。
❹ 放入青椒、朝天椒，炒匀，加生抽、老抽，炒匀。
❺ 加适量开水，加盖，小火焖40分钟，盛出即可。

椒麻土鸡片

原料

土鸡肉……………………300克
新鲜花椒……………………5克
小葱…………………………20克
红椒丁、姜片………… 各适量

调料

生抽、料酒………… 各5毫升
胡椒粉………………………5克
白糖…………………………3克
芝麻油……………………5毫升
鸡精、盐…………………各3克

做法

❶ 在处理干净的鸡肉中放入料酒、盐2克、胡椒粉，用手将土鸡肉两面分别抹匀。

❷ 放上姜片，腌制约1小时。

❸ 将鲜花椒和小葱切碎混合在一起，放入碗中待用。

❹ 蒸锅注水，将鸡肉放入蒸锅，中火蒸约35分钟。

❺ 揭盖，将蒸熟的鸡肉取出待用。

❻ 热锅中，注入适量水，倒入之前做好的鲜花椒末和小葱末，放入生抽、白糖、芝麻油、鸡精、盐1克，拌匀，制作成椒麻汁。

❼ 将冷却好的鸡肉切成片，摆放在盘中待用。

❽ 将椒麻汁浇在鸡肉上，撒上红椒丁即可。

记忆山椒口口脆

原料

肥肠……400克
青椒……20克
红椒……20克
蒜末……20克
姜丝……适量
香菜……适量
葱白……适量

调料

盐、鸡粉……各3克
老抽……3毫升
生抽……5毫升
料酒……10毫升
水淀粉……适量
辣椒酱……适量
辣椒油……适量
食用油……适量

做法

❶ 将洗净的青椒、红椒切圈。
❷ 洗净的肥肠切成小块。
❸ 锅中倒入油，烧至五成热，倒入姜丝、蒜末、葱白爆香。
❹ 倒入肥肠炒约1分钟至熟。
❺ 加入老抽、生抽、料酒，炒至入味。
❻ 倒入青椒、红椒。
❼ 淋入辣椒酱、辣椒油。
❽ 加盐、鸡粉。
❾ 炒片刻至入味。
❿ 加入水淀粉勾芡。
⓫ 翻炒均匀，盛入盘中，放上香菜即可。

腊味腰豆

原料

红腰豆……300克

腊肉……100克

朝天椒……2个

青椒……20克

鸡蛋清、蒜片……各适量

调料

淀粉、食用油……各适量

盐、鸡粉……各2克

做法

❶ 将腊肉切成丁。

❷ 往鸡蛋清中倒入适量淀粉，将红腰豆倒入其中拌匀，使红腰豆充分裹上淀粉。

❸ 热锅注油，倒入红腰豆炸至表面金黄色。

❹ 捞出油炸好的红腰豆待用。

❺ 锅内留油，放入蒜片爆香，倒入腊肉丁翻炒至微微透明。

❻ 倒入朝天椒、青椒翻炒均匀。

❼ 放入盐、鸡粉，炒匀。

❽ 关火，将炒好的食材盛入盘中即可。

巧手猪肝

原料

猪肝……200克
芹菜、青椒……各50克
红椒……20克
姜片、蒜末……各适量

调料

盐、鸡粉……各2克
料酒……5毫升
香油……5毫升
水淀粉……适量
食用油……适量

做法

❶ 将洗净的芹菜切成段。
❷ 将处理干净的猪肝切片，装入盘中。
❸ 猪肝中加入料酒、盐1克、鸡粉1克、少许水淀粉，拌匀。
❹ 热锅注油，烧热，倒入猪肝炒匀。
❺ 倒入芹菜、姜片、蒜末、青椒、红椒炒匀。
❻ 加入盐、鸡粉、香油炒匀入味。
❼ 用水淀粉勾芡收汁。
❽ 关火，将炒好的猪肝盛入盘中即可。

青椒黄喉鸡

原料

鸡肉............................300克
猪黄喉........................200克
青椒............................100克
花椒..............................10克

调料

盐..................................34克
料酒..........................15毫升
胡椒粉............................3克
香油、青花椒油....各10毫升
食用油..........................适量

做法

❶ 鸡肉拆去骨并斩成小块。

❷ 猪黄喉切上花刀。

❸ 锅里放入食用油烧至七成热时，倒入鸡块煸炒至熟透。

❹ 加入黄喉、青椒翻炒，其间加入盐、料酒、花椒、胡椒粉、香油和青花椒油调好味。

❺ 倒入适量的水，煮至沸腾。

❻ 关火，出锅即可。

虎皮海椒炒荷包蛋

原料

青椒……100克

红椒……50克

荷包蛋……5个

蒜末……适量

调料

蚝油……4毫升

盐……3克

鸡粉……2克

陈醋……5毫升

食用油……适量

水淀粉……适量

做法

❶ 青椒、红椒切段。

❷ 热锅注油，烧至五成热，放入洗净的青椒、红椒，搅拌匀。

❸ 转小火炸约半分钟，至其呈虎皮状。

❹ 关火后捞出炸好的青椒，沥干油，待用。

❺ 用油起锅，倒入蒜末，炒出香味。

❻ 注入适量清水，放入蚝油、盐、鸡粉、陈醋，拌匀调味。

❼ 转中火略煮，待汤汁沸腾，倒入水淀粉，快速搅拌匀，至汁水收浓。

❽ 倒入炸过的青椒、红椒、荷包蛋翻炒匀。

❾ 焖煮约1分钟，至其熟软、入味。

❿ 关火盛盘即可。

青椒皮蛋

原料

青椒……50克
皮蛋……10个
朝天椒……2个
蒜末……适量

调料

盐……2克
鸡粉……2克
生抽……5毫升
陈醋……3毫升
白糖……适量

做法

❶ 把洗净的青椒、朝天椒切成圈。
❷ 锅中加入适量清水，大火烧开，倒入青椒，搅散。
❸ 将煮好的青椒捞出，沥干水分。
❹ 将切好的青椒、皮蛋装入碗中。
❺ 倒入蒜末，加入盐、鸡粉、白糖、生抽，再倒入陈醋。
❻ 放入朝天椒，拌约1分钟，使其入味。
❼ 将拌好的材料盛入盘中即可。

04 CHAPTER

爽口湘式水产

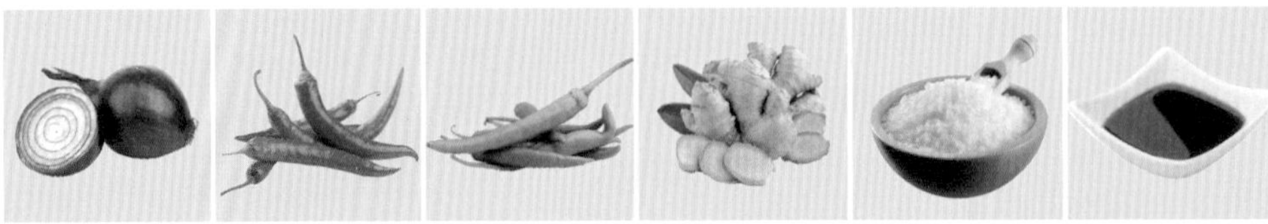

干锅耗儿鱼

原料

耗儿鱼……6只
洋葱……1个
红椒、青椒……各2个
姜片……30克

调料

盐……3克
生粉……15克
料酒……20毫升
生抽……适量
辣椒油……适量
食用油……适量

做法

❶ 洋葱洗净切块；红椒洗净切块；青椒洗净切块。
❷ 耗儿鱼处理干净，加少许盐、料酒、姜片、生粉，拌匀腌制15分钟。
❸ 起油锅，放入洋葱、红椒、青椒翻炒匀，加生抽、辣椒油炒匀，再放盐炒匀调味，盛出装入干锅里。
❹ 起油锅，放入腌制好的耗儿鱼，煎至两面金黄、熟透。
❺ 把耗儿鱼码放在干锅里即可。

干锅虾

原料

基围虾……500克
洋葱……100克
姜片……20克
芹菜叶……少许
青椒……50克

调料

盐……3克
生抽、辣椒油……各20毫升
料酒……15毫升
食用油……适量

做法

❶ 青椒洗净切块；基围虾洗净开背，去掉虾线，放盐、姜片10克、料酒拌匀，腌制15分钟；洋葱切块。

❷ 锅中加适量食用油，烧至五成热，放入基围虾，拌匀炸至转色熟透。

❸ 锅留底油，放入剩余姜片爆香，倒入基围虾、洋葱，加生抽、辣椒油炒匀，加入青椒炒匀。

❹ 盛出装入干锅里，放上芹菜叶点缀即可。

洞庭片片田螺

原料

田螺肉……………………………………200克
泡椒、青椒、红椒…………………各30克
大蒜、姜片……………………………各20克

调料

盐…………………………………………3克
料酒……………………………………15毫升
生抽……………………………………20毫升
食用油………………………………………适量

做法

❶ 田螺肉清洗干净；泡椒、青椒、红椒清洗干净，分别切碎；大蒜切碎。
❷ 起油锅，放入姜片、泡椒、青椒、红椒、大蒜，爆香。
❸ 放入田螺肉，翻炒，淋入料酒、生抽，翻炒至熟。
❹ 放盐炒匀调味，盛出装盘即可。

美味跳跳蛙

原料

牛蛙……500克
朝天椒、姜片……各30克
薄荷叶……适量

调料

盐……4克
生抽……30毫升
料酒、辣椒油……各20毫升
水淀粉、食用油……各适量

做法

❶ 将宰杀好的牛蛙切成小块，用少许盐、料酒、姜片拌匀，腌制20分钟。
❷ 起油锅，放入姜片爆香，放入牛蛙翻炒至转色。
❸ 淋入料酒、生抽、辣椒油炒香，加入朝天椒，炒匀。
❹ 加水淀粉，炒匀勾芡，盛出装入盅内，放上薄荷叶点缀即可。

韭香小河虾

原料

韭菜……100克
小河虾……200克
红椒……30克

调料

盐……3克
鸡粉……3克
蚝油……5克
水淀粉……适量
食用油……适量

做法

1. 将洗净的红椒切粗丝。
2. 洗好的韭菜切长段。
3. 用油起锅，倒入备好的小河虾，炒匀，至其呈亮红色。
4. 放入红椒丝，炒匀，倒入切好的韭菜。
5. 用大火翻炒，至其变软，加入盐、鸡粉、蚝油。
6. 用水淀粉勾芡，至食材入味。
7. 关火后将炒好的食材盛入盘中即可。

辣炒花甲

原料

花甲……500克
青椒……80克
花椒……80克
干辣椒……3个
姜片……20克

调料

盐……2克
豆瓣酱……20克
料酒……20毫升
食用油……适量

做法

❶ 青椒洗净切段；干辣椒切圈。
❷ 把花甲放入沸水锅中，加盐、少许料酒拌匀，煮沸，使花甲开壳去沙和杂质，将花甲捞出，冲洗干净。
❸ 起油锅，放入姜片、豆瓣酱爆香，放入花甲，淋入料酒炒香。
❹ 放入青椒、花椒、干辣椒，炒至熟软。
❺ 盛出装盘即可。

米椒鳕鱼肚

原料

鳕鱼肚……300克
豆角……200克
朝天椒……20克

调料

盐……3克
料酒……10毫升
芝麻油……5毫升

做法

❶ 鳕鱼肚洗净切段；豆角洗净切段；朝天椒洗净剁碎。

❷ 将鳕鱼肚、豆角放入沸水锅中，煮约5分钟至熟透捞出，冲凉水。

❸ 把鳕鱼肚和豆角放入碗中，放盐、料酒、芝麻油、朝天椒拌匀即可。

XO 酱爆辽参

原料

干海参............................5只
青椒..............................50克
姜末..............................适量

调料

盐..................................2克
XO酱..............................20克
蚝油..............................10毫升
料酒..............................10毫升

做法

❶ 海参提前一晚上泡发好，洗净，切条。青椒切圈。
❷ 起油锅，倒入姜末、XO酱爆香，倒入海参，淋入料酒，炒香。
❸ 倒入青椒，炒匀。放盐、蚝油，炒匀调味。
❹ 盛出装盘即可。

农夫烤鱼

原料

鲈鱼……1条
蒜薹……80克
红椒……50克
干辣椒……20克
姜片……适量

调料

盐……4克
辣椒油……20毫升
料酒……20毫升

做法

❶ 鲈鱼处理干净，对半切开，抹上盐、姜片，淋上料酒、辣椒油。

❷ 蒜薹、红椒均切粒，加干辣椒、盐，拌匀，倒在鱼身上。

❸ 所有食材用锡纸包裹严实，放入烤箱，设置成180℃烤20分钟。

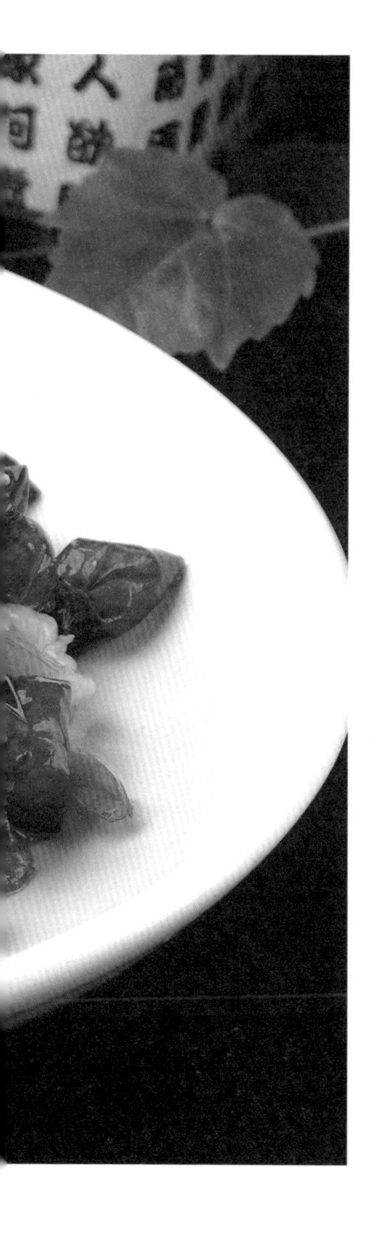

糊辣脆虾

原料

水发木耳……60克
鲜虾……300克
灯笼椒……20克
蒜末……25克
白芝麻……适量
葱段……适量

调料

盐……2克
鸡粉……2克
食用油……适量
水淀粉……适量
料酒……适量

做法

❶ 鲜虾去虾线。
❷ 灯笼椒切两段。
❸ 木耳切朵。
❹ 热锅注油，倒入蒜末、葱段爆香。
❺ 倒入虾仁，淋入料酒略炒。
❻ 倒入木耳，继续翻炒。
❼ 放入灯笼椒翻炒。
❽ 放入盐、鸡粉，炒匀，加水淀粉勾芡。
❾ 关火，盛入盘内，撒上白芝麻即成。

干锅鱿鱼须

原料

鱿鱼须……500克
红椒、青椒、洋葱……各1个
姜片……20克

调料

盐……2克
生抽……20毫升
料酒……30毫升
老抽……5毫升
辣椒粉……15克
食用油……适量

做法

❶ 鱿鱼须处理干净，分切成块；红椒、青椒洗净，切成小块；洋葱洗净切小块。
❷ 把鱿鱼须放入开水锅中，加少许料酒，拌匀煮开，汆烫至转色捞出。
❸ 起油锅，放入姜片爆香，倒入鱿鱼须，淋入料酒炒香。
❹ 放入红椒、青椒、洋葱、炒匀，加盐、生抽、老抽、辣椒粉炒匀。
❺ 盛出装盘即可。

蒜蓉粉丝虾

原料

虾仁……………………数只
西蓝花………………30克
粉丝…………………2小把
朝天椒………………3个
蒜末…………………20克
姜末…………………20克
葱花…………………少许

调料

盐……………………5克
生抽…………………30毫升
料酒…………………10毫升

做法

❶ 把粉丝浸泡入温水中20分钟，泡开；朝天椒剁碎；虾仁用少许盐、料酒、姜末拌匀，腌制10分钟。

❷ 西蓝花切小块，放入沸水锅中，加少许盐拌匀，煮约3分钟至熟，捞出备用。

❸ 粉丝与盐、生抽、蒜末、姜末混合均匀，放入锡纸盘上，再放上虾仁，煮约5分钟。

❹ 撒上辣椒碎、葱花，加西蓝花即可。

椒盐基围虾

原料

基围虾........................500克

红椒、葱、洋葱........各20克

生姜..............................少许

调料

椒盐................................5克

生粉..............................20克

料酒..........................10毫升

生抽............................5毫升

食用油...........................适量

做法

❶ 红椒、葱、洋葱洗净后分别切成小粒；生姜切成姜末。

❷ 基围虾处理干净，开背去除虾线，加生抽、料酒、姜末、生粉拌匀，腌制10分钟。

❸ 锅中加食用油，烧至五成热，放入基围虾，炸至转色捞出。

❹ 锅留底油，放入基围虾、红椒、洋葱、椒盐，炒匀。

❺ 盛出装入盘中，撒上葱花即可。

5

CHAPTER

爽口湘式素菜

清炒苦瓜

原料

苦瓜……300克
青椒……60克

调料

盐……3克
鸡粉……3克
食用油……适量

做法

❶ 将已洗净的苦瓜去除瓤，切成大小适中的苦瓜片。
❷ 青椒切块。
❸ 锅中加清水烧开，倒入苦瓜和青椒，煮至断生。
❹ 将食材捞出待用。
❺ 热锅注油，倒入苦瓜、青椒，炒匀。
❻ 加入盐、鸡粉炒匀。
❼ 关火，将炒好的食材盛入盘中即可。

粗粮一家亲

原料

玉米……200克
山药……200克
紫薯……200克
花生……100克
土豆……300克

做法

❶ 将玉米切断。
❷ 山药切断。
❸ 紫薯切断，花生、土豆洗净。
❹ 蒸锅注水，放好以上食材。加盖，大火，蒸20分钟。
❺ 揭盖，将蒸好的食材取出即可。

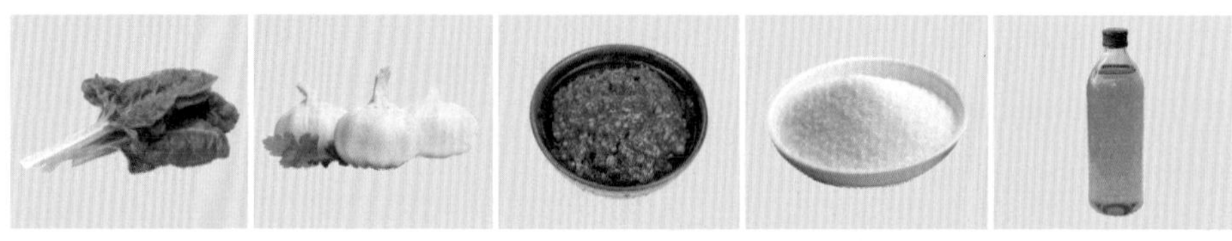

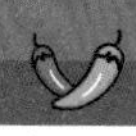

回锅厚皮菜

原料

厚皮菜……………200克
泡姜……………10克
蒜末……………适量

调料

盐、鸡粉……………各2克
豆瓣酱……………5克
陈醋……………3毫升
白糖……………1克
花椒油、食用油..各适量

做法

❶ 厚皮菜茎切成3~4厘米的段。
❷ 泡姜切块。
❸ 锅内注水烧开，倒入厚皮菜煮至断生。
❹ 热锅注油，倒入切好的泡姜、蒜翻炒。
❺ 倒入厚皮菜，加入豆瓣酱炒香。
❻ 加入盐、鸡粉翻炒，同时加入陈醋、白糖、花椒油。
❼ 关火后，将炒好的菜盛入盘中即可。

风味茄丁

原料

茄子……500克
朝天椒……3个
蒜末……少许

调料

生粉……适量
盐……3克
生抽……10毫升
料酒……10毫升
食用油……适量

做法

❶ 茄子洗净，切块；朝天椒切圈。
❷ 茄子裹上生粉，放入烧至五成热的油锅中，炸约3分钟至熟，捞出备用。
❸ 锅留底油，放入蒜末爆香，倒入茄子，淋入料酒炒香。
❹ 淋入生抽，加盐，炒匀，倒入朝天椒，炒匀。
❺ 盛出装盘即可。

橄榄菜四季豆

原料

四季豆……400克
橄榄菜……50克

调料

盐……2克
食用油……适量

做法

❶ 四季豆洗净，切成粒。
❷ 四季豆放入沸水锅中，加盐拌匀，煮约2分钟捞出。
❸ 起油锅，放入橄榄菜炒香，加入四季豆炒匀。
❹ 盛出装盘即可。

记忆粉丝煲

原料

水发粉丝............100克
肉末....................45克
葱花....................适量
蒜末....................适量
姜片....................适量
高汤................100毫升

调料

盐..........................2克
鸡粉......................2克
生抽.................10毫升
老抽...................5毫升
食用油..................适量

做法

❶ 将洗净的粉丝切成段。
❷ 用油起锅，倒入备好的肉末，快速翻炒至其松散、变色。
❸ 倒入蒜末、姜片，炒香、炒透。
❹ 淋入生抽，炒匀提味，再加入老抽，炒匀上色。
❺ 加入盐、鸡粉，炒匀调味。
❻ 倒入备好的高汤，用大火煮至汤汁沸腾。
❼ 放入切好的粉丝，翻炒片刻，再煮约1分钟，至其变软后关火。
❽ 取来备用的砂煲，盛入锅中的食材。
❾ 将砂煲放置在旺火上，盖上盖，煮至全部食材熟透。
❿ 关火后取下砂煲，揭开盖，盛入盘中，撒上葱花即成。

炒什锦泡菜

原料

泡萝卜........................500克
泡蒜苗梗......................80克
干辣椒..........................适量

调料

盐..................................2克
食用油..........................适量

做法

❶ 泡萝卜切成小块；泡蒜苗梗切成小段。
❷ 起油锅，放入干辣椒炒香，倒入泡萝卜、泡蒜苗梗，炒匀。
❸ 放盐，炒匀调味，盛出装盘即可。

干锅有机花菜

原料

花菜……500克
大蒜……1包
朝天椒……3个
葱花……少许
高汤……50毫升

调料

盐……3克
食用油……适量

做法

❶ 花菜洗净，切小块；朝天椒洗净，切圈；大蒜掰开去皮。
❷ 锅中加水烧开，倒入花菜拌匀，煮约2分钟捞出。
❸ 起油锅，放入大蒜、朝天椒，炒香。
❹ 倒入花菜，炒匀；淋入高汤，炒匀。
❺ 加盐调味，盛出装入干锅，撒上葱花即可。

荷塘小炒

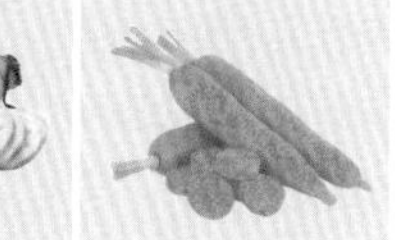

原料

百合……40克
莲藕……90克
胡萝卜……40克
水发木耳……30克
荷兰豆……30克
蒜末……适量

调料

盐……3克
鸡粉……3克
食用油……适量

做法

❶ 莲藕切片。
❷ 胡萝卜切片。
❸ 木耳切块。
❹ 热锅注油，倒入蒜末爆香。
❺ 倒入莲藕、木耳、荷兰豆炒匀。
❻ 倒入百合炒匀。
❼ 加入盐，鸡粉炒匀入味。
❽ 关火后，将食材盛入盘中即可。

快乐憨豆

原料

青豆........................300克
猪肉末.....................100克
高汤.................... 1500毫升

调料

盐..................................3克
生抽............................5毫升
料酒............................5毫升
水淀粉......................50毫升
食用油..........................适量

做法

❶ 青豆洗净备用；猪肉末加生抽、料酒、水淀粉拌匀，腌制。
❷ 起油锅，放入肉末，翻炒至变色。
❸ 倒入高汤，倒入青豆，拌匀，大火煮开。
❹ 加盖，小火炖15分钟。
❺ 揭盖，放盐，拌匀调味即可。

煲仔脆豇豆

原料

豇豆……500克
朝天椒……1个
肥肉……适量

调料

盐……4克
食用油……适量

做法

❶ 豇豆洗净，切长条段；朝天椒对半切开；肥肉切块。
❷ 锅中加食用油，烧至五成热，放入豇豆，炸至转色熟透。
❸ 锅留底油，放入肥肉，煎出油，煎至焦黄色。
❹ 放入豇豆，加盐，炒匀。
❺ 盛出装入砂锅里，放上朝天椒装饰即可。

花仁菠菜

原料

菠菜……………………270克
花生仁…………………30克

调料

鸡粉……………………2克
盐………………………3克
食用油…………………20毫升

做法

❶ 洗净的菠菜切三段。
❷ 冷锅中倒入油，放入花生仁，用小火翻炒至香味飘出。
❸ 关火后盛出炒好的花生，装碟待用。
❹ 锅留底油，倒入切好的菠菜，用大火翻炒2分钟至熟。
❺ 加入盐、鸡粉，炒匀。
❻ 关火后盛出炒好的菠菜，装盘待用。
❼ 撒上花生仁即可。

巧酱萝卜皮

原料

白萝卜……300克
干辣椒……5个
八角……2个
桂皮……1片
香叶……3片
花椒……5粒

调料

盐……适量
冰糖……10克
生抽……适量

做法

❶ 白萝卜切成块。
❷ 锅中倒入生抽，放入冰糖、干辣椒、八角、桂皮、香叶、花椒，再倒入适量清水。
❸ 煮到沸腾后，盛入碗中做成酱汁，待用。
❹ 往白萝卜块上倒入盐，去除多余水分。
❺ 将白萝卜放入酱汁中，盖上盖子，放冰箱冷藏一夜。
❻ 第二天取出即可食用。

茄子焗豇豆

原料

茄子……150克
豇豆……100克
蒜片……若干

调料

盐……2克
鸡粉……2克
食用油……适量

做法

❶ 将洗净的茄子切成条。
❷ 将洗净的豇豆切成约4厘米长的段。
❸ 炒锅注油，烧至五成热，倒入茄子炸至微黄色。
❹ 炸片刻至熟透，捞出备用。
❺ 放入豇豆，用锅铲不停地翻动。
❻ 炸至微黄色，捞出备用。
❼ 热锅留油，放入蒜片爆香。
❽ 倒入茄子、豇豆，稍微翻炒。
❾ 加入盐、鸡粉，炒匀。
❿ 盛出炒好的食材，放入电烤箱，焗5分钟即可取出。

椒油炝拌莴笋

原料

去皮莴笋茎……200克
蒜末……300克
朝天椒……2个
花椒……5克

调料

盐……2克
生粉……10克
生抽……5毫升
陈醋……3毫升
白糖……2克
食用油……适量

做法

❶ 莴笋切成丝。
❷ 朝天椒切成圈。
❸ 取一个碗，放入朝天椒加入蒜末、盐、陈醋、生抽和少量的白糖搅拌均匀成料汁；
❹ 将酱汁倒入莴笋丝里拌匀。
❺ 锅中注入油，放入花椒，将油烧至七成热。
❻ 关火，将油浇在莴笋丝上即可。